完美肌肤
养护全书

马寒 刘纳 尹志强
主编

SPM 南方出版传媒

广东科技出版社 | 全国优秀出版社

· 广州 ·

图书在版编目（CIP）数据

完美肌肤养护全书／马寒，刘纳，尹志强主编. —广州：广东
科技出版社，2021.9
　　ISBN 978-7-5359-7713-7

　　Ⅰ．①完… Ⅱ．①马… ②刘… ③尹… Ⅲ．①女性－皮肤－
护理－基本知识　Ⅳ．①TS974.11

中国版本图书馆CIP数据核字（2021）第162229号

完美肌肤养护全书
Wanmei Jifu Yanghu Quanshu

出 版 人：朱文清
责任编辑：黎青青　潘羽生　温 微
装帧设计：友间文化
责任校对：李云柯
责任印制：彭海波
出版发行：广东科技出版社
　　　　　（广州市环市东路水荫路11号　邮政编码：510075）
销售热线：020-37592148 / 37607413
http：//www.gdstp.com.cn
E-mail：gdkjzbb@gdstp.com.cn
经　　销：广东新华发行集团股份有限公司
印　　刷：广州市东盛彩印有限公司
　　　　　（广州市增城区新塘镇太平十路二号　邮政编码：510700）
规　　格：889mm×1 194mm　1/32　印张7.75　字数180千
版　　次：2021年9月第1版
　　　　　2021年9月第1次印刷
定　　价：58.00元

《完美肌肤养护全书》编委会名单

主　编　马　寒　刘　纳　尹志强

副主编　刘　婷　高莉英　陈　章　何宋明

编　者　徐　蕾　徐宏俊　许　阳　曾相儒

马 寒

医学博士，副主任医师，硕士研究生导师，中山大学附属第五医院皮肤科主任。

岭南好医生，广州市科普名师。主要研究方向为皮肤良恶性肿瘤、指趾甲病、激光美容，"嵌甲6步手术方法"的创立和推广者。以第一作者或通讯作者发表SCI文章20篇，其中BMJ 2篇（IF 30.223）。主编《简明皮肤病临床及组织病理图谱》、*Atlas of Pathology of Skin Diseases with Clinical Correlations*、《简明皮肤性病学教学图谱（学生版）》。开设"马寒教授工作室"微信公众号。

社会兼职：广东省医学会皮肤性病学分会常委，广东省医师协会皮肤性病学医师分会常委，广东省中西医结合学会皮肤性病学分会常委，广东省整形美容协会皮肤美容分会常委，广东省医疗行业协会皮肤性病学管理分会常委，广东省医学会皮肤性病学分会微整形与注射学组组长，中华医学会皮肤性病学分会病理学组委员，中国医师协会皮肤科分会注射学组委员。《美国皮肤科学会杂志·中文版》（JAAD）编委，《中国麻风皮肤病杂志》审稿专家。

刘 纳

国家高级美容师，国家高级化妆师，创美抗衰老研究院特聘美容顾问，伊的家特聘首席专业美容官。IMA国际形象设计师，IMA国际高级化妆讲师，皮肤美容科普达人。

大学四年专修人物形象设计专业。参编多本护肤美容书籍，自媒体科普内容累积获转发量达250万+。从业十余年，擅长常见生活皮肤美容类问题分析、护肤品不良反应解决、护肤技巧手法、个性化护肤方案制定等。多个护肤美妆品牌特聘顾问，多位知名主持人私人美容顾问及化妆师。

尹志强

主任医师，教授，博士研究生导师，南京医科大学第一附属医院皮肤科副主任。

江苏省"333高层次人才培养工程"优秀中青年学术技术带头人，江苏省卫健委卫生拔尖人才，中国优秀中青年皮肤科医师。主持国家自然科学基金3项，主编及主译医学专著3部。以通讯作者或第一作者在国外医学期刊发表论文近30篇。开设个人微信公众号"强哥护肤科普"。

序1
Preface

　　爱美之心人人有之，古今中外皆如此。美的体现，在于心灵，也在于皮肤的健康靓丽。皮肤的美除了是父母的恩赐外，科学、正确的皮肤美容与护理也是十分关键的。我们在临床工作中经常会遇到各类因错误和不科学的皮肤美容与护理导致的皮肤问题。皮肤科医生是专门研究皮肤和皮肤问题的专业人士，致力于拯救和维护皮肤的健康及美丽。他们是最懂皮肤的人，应该肩负起传授美容皮肤科学知识，引导大众科学和正确护肤的责任和义务。

　　《完美肌肤养护全书》是一本主要由专业皮肤科医生及深耕美容行业十数年的美容达人联合编写的大众护肤养肤类科普读物。全书共五个章节，涉及皮肤的基础结构和生理功能、常用护肤类产品的介绍和正确使用、不同类型和不同时期皮肤护理要点、常见肌肤问题的产生和应对措施，以及大众关心的皮肤和营养状态的关系等问题，使用通俗易懂的语言和丰富的插页图画让读者能够快速了解和掌握正确的护肤常识和方法，达到本书的创作目的。

再次感谢全书编委辛苦卓越的原创性工作，并希望该书能广泛传播并教育和影响更多的大众读者。"普及常识，正确护肤"是皮肤科医生和相关从业人员都应该秉持的职业信念和追求，该书做了最好的精神诠释。

中山大学附属第三医院皮肤科主任

国家食品药品管理局化妆品人体安全性
与功效检验机构负责人

中国医师协会皮肤科医师分会副会长

中国医师协会整形与美容医师分会副会长

国家FDA化妆品标准委员会委员

2021年5月

序 2
Preface

　　收到《完美肌肤养护全书》样稿，被书中通俗易懂的语言和精美插图所吸引，仔细读完后，对全书有了进一步的了解。该书编委会包含国内几位中青年皮肤科专家和实践型美容达人，都是热心于科普事业，经常通过多种形式，例如微信公众号、视频号、微博、出版科普读物、参加科普行活动等进行大众科普宣传，践行"普及常识，正确护肤"理念的专业学者。该书将大家聚集起来，共同创作完成了这本大众肌肤护理科普类书籍，一定是精品，值得推荐给广大有需要的读者朋友们。

　　该书通过大众化语言传递皮肤基础生理和病理知识，以及日常皮肤护理相关的各种要点和误区，浅显易懂，但又不失科学水准；针对的是普通大众，同时又积极尝试和寻求护肤方法的人群；书中配有大量插图，简单明了，重点突出，应该说是一本难得的大众科普护肤类书籍。也再次感谢编委团队卓越的工作，让这本书能够面世，服务于更多有需要的人。

南方医科大学皮肤病医院（广东省皮肤
性病防治中心）院长
中国医师协会皮肤科医师分会副会长
中国整形美容协会皮肤美容分会副主委
广东省医学会皮肤性病学分会主任委员
广东省食品药品监督管理局化妆品咨询
专家委员会委员

2021年5月

引 言
Introduction

护肤与不护肤真的有区别吗？

对护肤的效果应该有怎样的期待？

护肤与不护肤真的有区别吗？那答案一定是"有"。一部分人意识到护肤的重要性，是从自己脸上出现了皮肤问题开始的；而另外一部分人则是随着年龄的增加，为了保持更好的皮肤状态而意识到护肤的必要性。

确实，18岁之前，皮肤充满胶原蛋白，什么护肤品都不用，也依旧觉得皮肤很好。随着年龄的增加和外界因素的刺激，皮肤的状态会发生衰老性的改变。可以说，护肤与不护肤的差别会非常大。

而我们身边有很多人，虽然意识到了护肤的重要性，但却因为护肤知识的缺乏，导致皮肤状态受损。

有调查称，以下这几种错误的护肤方法，九成人都犯过。

1. 洗面奶不揉搓出泡沫，直接涂在脸上

如果将洗面奶直接涂在脸上进行揉搓，会因为没有充分起泡，导致表面活性剂伤害到皮肤的角质层，使肌肤越来越脆弱。

使用洗面奶洗脸的正确方法应该是，将洗面奶挤在手心，加入几滴水，进行揉搓，等到完全起泡以后再涂到脸上进行按摩清洗。

2. 频繁使用撕拉式的面膜

很多人使用撕拉式面膜的初衷都是想解决面部爱出油、黑头粉刺频生等问题。虽然撕拉式面膜在一定程度上可以清洁面部垃圾，但是在剥脱的过程中会对角质层造成撕拉伤害，频繁使用更是会对肌肤造成严重伤害，使得肌肤表面非常干燥甚至起皮，还会变得发红、发痒、敏感。

3. 冬季不防晒，认为只有夏季才需要防晒

我们的皮肤每天会面临空气中的大量灰尘、垃圾，以及紫外线造成的损伤，虽然跟夏季相比，冬季的紫外线更弱，但事实上，在冬季我们的皮肤对紫外线的防护能力也弱，因此，冬季的紫外线更容易晒伤我们的皮肤，造成皮肤敏感、色素沉淀等问题的出现。正确的做法应该是一年四季都要做

好防晒，给肌肤防晒对于拥有健康状态的皮肤是非常重要的。

　　其实护肤是不可能完全脱离护肤品的，护肤品对皮肤有明确的护理作用，坚持护理的肌肤和疏于护理的肌肤是完全不同的状态。我们不能奢求皮肤不需要护理，即使天生丽质，也需要护理，完全摆脱护肤品或者单纯依赖护肤品而使用了错误的方法，都达不到满意的护肤效果。

　　对于护肤，我们的态度应该是根据自己的皮肤状态来选择适合自己的护肤品，在使用护肤品的时候，也要注意避免使用不合格、有害的产品和错误的方法。

　　很多人都想让皮肤变好，但是尝试各类不合理的护肤方法，反而对皮肤造成了损伤，而造成这些问题的根本原因是市面上缺乏专业的声音。我们相信，这本由皮肤科医生和专业的护肤人员携手合作的入门级皮肤护肤书籍，既具有专业性，也贴近生活，可以帮助大家学习到底如何养护完美肌肤，适用于每一位爱美的女性。

小测试

护肤前必须先做的功课——肌肤类型诊断

测一测：我的皮肤究竟是哪一种类型？

对于不同类型的皮肤问题而言，护肤步骤是类似的，但是皮肤类型不同，护肤需求就会不同。

一般来说，皮肤分为四种类型：干性皮肤、油性皮肤、混合性皮肤和敏感性皮肤。

如果只用肉眼观察和手部触摸，并不能完全准确地对皮肤类型进行判断和识别，所以，在护肤之前，先来对号入座，看看我们的皮肤到底属于什么类型吧。

一、干性皮肤（下面各项症状，符合的选项若超过五个，便属于干性皮肤）

1. 皮肤粗糙、紧绷，外观干燥。

2. 肤色晦暗或白净，但通常缺乏光泽。

3. 极易出现色斑。

4. 极易出现各种细纹、干纹等老化现象。

5. 秋冬季节皮肤易开裂、瘙痒、刺痛。

6. 毛孔细小，肉眼看不明显。

7. 极易起皮屑，尤其是鼻翼两侧和脸颊部，部分人群还可伴随眉心处、口唇周围起皮。

8. 上妆后容易出现"卡粉"现象。

9. 对于环境的变化，比如温度、季节都会对皮肤造成刺激，如发红、发热、发痒等。

10. 油脂分泌过少，洗完脸10分钟以内不用护肤品就会出现紧绷感。

二、油性皮肤（下面各项症状，符合的选项若超过五个，便属于油性皮肤）

1. 皮脂分泌旺盛、外观光泽感很强。

2. 拍照时面部皮肤容易反光。

3. 肤色偏暗黄，且伴随很明显的肤色不均，如T区（眉间、鼻翼、前额）、口唇区偏暗黄，脸颊相对肤色偏浅。

4. 油光满面、面部毛孔粗大，尤其是额头、鼻翼等位置。

5. 面部肌肤极易出现痘痘问题。

6. 常常出现毛孔堵塞，以及黑头、白头等问题。

7. 角质层厚、硬，皮肤粗糙且不光滑。

8. 使用洁面皂或泡沫丰富的洁面乳后，皮肤也不觉得干燥。

9. 平时不需要使用保湿霜，使用保湿霜反而会感觉皮肤更油。

三、混合性皮肤（下面各项症状，符合的选项若超过五个，便属于混合性皮肤）

1．面部T区出油不多，其余区域干燥（俗称"混干皮"），有细纹，无光泽。

2．面部T区油腻，毛孔明显，易出油，毛孔粗大，其余区域皮肤正常（俗称"混油皮"），很少有细纹。

3．局部皮肤多油且毛孔粗大，鼻侧、额头、眼部内侧下方区域最为明显。

4．肤色不均，口唇部、T区与面颊肤色差别大。

5．T区易长痘。

6．脸颊区容易干燥、起皮。

7．使用粉底液时，常因出油而脱妆，经常需要在额头、鼻部等位置吸油补妆。

8．夏天时，偶尔不擦保湿护肤品，也不会明显感觉不适。

9．即使偶尔用洁面皂洗脸，洗后两颊微有紧绷现象，但很快就会恢复正常。

10．紫外线强烈的冬、夏季，若不注意防晒，颧骨的位置容易出现色斑。

四、敏感性皮肤（下面各项症状，符合的选项若超过四个，便属于敏感性皮肤）

1. 皮肤不耐受。极易因为饮食、情绪或运动等刺激而出现皮肤表面干燥、起皮、容易发红，有瘙痒、灼热等不适的感觉。

2. 使用护肤品（如洁面乳、爽肤水、保湿霜等），也可能会出现皮肤刺激（如发红、刺痛、瘙痒等）的症状。

3. 使用防晒霜或化妆后，皮肤容易发红、发痒、刺痛或起红疹。

4. 皮肤容易发红，有时会干燥、起皮甚至起红疹。

5. 运动、情绪激动或吃完辣烫的食物，以及饮酒后，面部会变红，甚至发痒。

6. 面部有4条以上的红色扩张血管丝。

7. 肤质干燥、紧绷、起皮，伴随红肿、发痒、发痛的现象。

8. 一般肤色较白，毛孔较细，但部分不易敏感位置可伴随毛孔粗大。

9. 脱皮现象常伴随敏感反应出现。

10. 敏感反应会反复出现，还会伴随出现长痘痘、皮肤粗糙、发红、干痒现象。

测一测：破坏皮肤的因素你占了几个？

1．洗面奶直接在脸上进行揉搓。

2．只要皮肤不吸收就使用去角质产品。

3．一年四季都没有用防晒产品。

4．经常用手挤脸部粉刺、痘痘。

5．使用劣质化妆品或含有激素的护肤品。

6．经常熬夜，晚上11点后睡觉。

7．使用不健康的医学美容（以下简称"医美"）手段，如美容院"洗脸"、芦荟灌肤等行为。

8．洗完脸没有立即使用护肤产品。

9．长期使用刺激性强的清洁剂。

10．经常过量饮酒。

11．经常抽烟。

12．长期外用或曾经使用过激素药膏解决皮肤问题。

13．过于频繁的医美行为，如激光、刷酸、打水光针等，且通常1个月超过2次。

14．过度清洁，长期不间断使用洗脸仪。

15．每次洗脸都使用强力清洁产品，如含有皂基成分的洁面用品。

16．长期处在有暖风、空调的环境中。

17．喜欢用手抓脸，尤其是长痘或脸上干痒的时候。

18．服用具有光敏性的药物（如避孕药、部分抗生素等），又不注意皮肤的防晒。

19．使用贴片式面膜时，喜欢等面膜完全变干了才取下来。

20．盲目跟风，使用自制护肤品及自创的护肤方法，如使用自制水果面膜、盐水洗脸等。

21．喜欢用温度过高的水洗脸，且洗脸时间超过3分钟。

22．没有遵从医嘱，私自或者盲目使用药物进行面部涂抹。

目录
CONTENTS

第一章

基础知识：你真的了解自己的皮肤吗

第一节 关于皮肤的基础知识 / 2

一、皮肤的结构和功能 / 2

二、皮肤屏障的作用 / 4

三、皮肤的变化 / 6

四、皮肤的颜色 / 12

第二节 破坏皮肤的常见有害因素 / 16

一、皮肤的氧化 / 16

二、皮肤的糖化 / 27

三、日晒与皮肤 / 32

第二章

护肤品的作用

第一节 皮肤的清洁 / 40

一、洁肤制品原料的基础知识 / 41

二、卸妆 / 43

三、洁面 / 48

第二节　皮肤的日常保养　/ 58

一、化妆品原料的基础知识　/ 59

二、化妆水　/ 64

三、精华　/ 68

四、乳液、面霜　/ 72

五、面膜　/ 76

第三节　防晒化妆品　/ 81

一、防晒化妆品的作用　/ 81

二、防晒化妆品的分类、使用人群　/ 82

三、防晒化妆品的选择技巧　/ 85

四、防晒化妆品 Q&A　/ 86

第三章

皮肤分类及保养

第一节　干性皮肤　/ 91

一、什么是干性皮肤　/ 91

二、干性皮肤的形成因素　/ 92

三、干性皮肤的调理建议　/ 93

第二节　油性皮肤　/ 97

一、什么是油性皮肤建议　/ 97

二、油性皮肤的形成因素　/ 98

三、油性皮肤的调理建议 / 99

第三节　混合性皮肤 / 103

一、什么是混合性皮肤 / 103

二、潜在的皮肤问题 / 104

三、混合性皮肤的调理建议 / 104

第四节　敏感性皮肤 / 108

一、什么是敏感性皮肤 / 108

二、敏感性皮肤的形成因素 / 111

三、敏感性皮肤的调理建议 / 112

四、油性敏感性皮肤 / 121

第五节　经期护肤注意事项 / 126

一、经期的激素水平变化 / 127

二、经期容易出现的皮肤问题 / 129

三、经期的护肤技巧 / 131

四、经期护肤的常见 Q&A / 132

第六节　孕妇护肤注意事项 / 135

一、孕期的皮肤变化及原因 / 136

二、孕期的护肤技巧 / 138

三、护肤成分推荐 / 139

四、如何预防妊娠纹 / 140

五、生活、饮食调理 / 141

六、孕期护肤的常见 Q&A / 141

第四章

肌肤问题的分类与保养

第一节 色斑 / 144

　一、色斑的分类 / 145

　二、色斑的形成原因 / 149

　三、色斑的解决方法 / 151

第二节 痤疮（痘痘） / 158

　一、痘痘的定义 / 159

　二、痘痘的发展趋势 / 160

　三、痘痘的形成因素 / 162

　四、痘痘的保养建议 / 163

第三节 皮肤衰老 / 168

　一、皱纹的分类 / 169

　二、皮肤衰老的发展趋势 / 171

　三、皮肤衰老的形成因素 / 172

　四、抗衰老的保养建议 / 176

第四节 毛孔粗大、黑头 / 179

　一、毛孔粗大的定义 / 179

　二、毛孔粗大的分类、形成因素 / 180

　三、毛孔粗大的保养建议 / 181

第五节 毛周角化症（鸡皮肤） / 184

一、鸡皮肤的表现 / 184

二、鸡皮肤的形成因素 / 185

三、鸡皮肤的保养建议 / 186

第五章

皮肤与营养的关系

第一节 皮肤也需要营养元素 / 190

一、水 / 190

二、糖、脂类、蛋白质 / 192

三、维生素 / 195

四、矿物质 / 205

第二节 肠道健康与皮肤微生态 / 207

一、肠道健康的含义 / 207

二、肠道、大脑与皮肤的联系 / 208

三、如何保持肠道健康 / 210

参考文献 / 214

CHAPTER 第一章 1

基础知识：
你真的了解自己的皮肤吗

第一节
关于皮肤的基础知识

一、皮肤的结构和功能

天天都在护肤，看似对自己的皮肤"了如指掌"，但你真的了解自己的皮肤吗？

将皮肤放大后，你会发现，皮肤其实并不只是"薄薄的一层皮"，而是内涵丰富的"多层结构"（图1-1）。

皮肤由外而内可分为表皮、真皮、皮下组织三个层次，其中，表皮还可以细分为角质层、透明层（只存在于手掌、脚底）、颗粒层、有棘层、基底层。护肤品最主要的作用层次，是处于皮肤最外层的角质层。

皮肤肩负着八大主要功能：屏障保护功能、吸收功能、分泌和排泄功能、代谢功能、感觉功能、体温调节功能、免

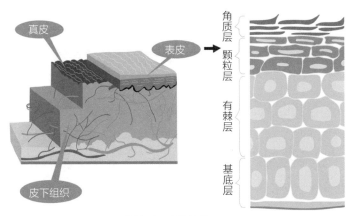

图 1-1　皮肤结构

疫功能、美容功能。

　　其中，护肤品的吸收与皮肤吸收功能密切相关。把护肤品涂到脸上后，它可以通过三个路径被我们的皮肤吸收（图 1-2）：①通过汗孔透入；②透过角质层进入皮肤深部（是护肤品最主要的吸收途径）；③通过毛囊口透入。

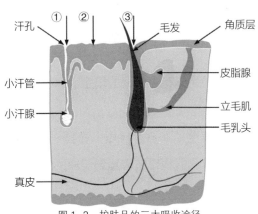

图 1-2　护肤品的三大吸收途径

二、皮肤屏障的作用

与我们的皮肤护理关系最密切、最重要的，当数皮肤的屏障功能。

皮肤屏障功能的发挥主要得益于皮肤角质层的完整性及功能正常。角质层主要由角质细胞（"砖"）、细胞间脂质（"水泥"）组成（也叫作"皮肤的砖墙结构"，见图1-3）。

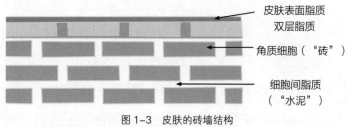

皮肤表面脂质
双层脂质
角质细胞（"砖"）
细胞间脂质
（"水泥"）

图1-3 皮肤的砖墙结构

作为身体的"第一道防线"，皮肤屏障是最天然"保护伞"，能抵御各种外界有害因素的伤害。

1. 抵御物理伤害

皮肤对一定程度的摩擦、挤压、牵拉、碰撞都有耐受缓冲的能力，能对外界的物理伤害起到缓冲的作用。

2. 抵御紫外线

角质细胞位于我们皮肤的最表面，它们组成了一把"无形的防晒伞"，能吸收大量的短波紫外线，防止紫外线对更深层的皮肤组织产生伤害。

3. 抵抗化学伤害

正常皮肤的pH值为5.5～7.0，整体是偏酸性的，而肥皂、香皂这类碱性物质，对皮肤是有伤害的。但即使我们使用了碱性物质（如使用肥皂洗脸），也不会马上出现刺激皮肤的症状，这是因为皮肤有强大的耐受力。但是，长期接触这类碱性物质无疑对皮肤是有害的。

4. 防止有害微生物入侵

皮肤屏障是一道"物理墙"，即我们看得见的一层"皮"；也是一道"化学墙"，即我们看不见的pH值；还是一道"生物墙"，皮肤表面存在着大量能与我们和谐相处的有益微生物，能帮助我们赶走那些企图危害皮肤健康的有害微生物。

5. 保湿营养作用

皮肤角质层中存在多种天然保湿因子（如氨基酸、吡咯烷酮羧酸、乳酸、糖、尿素油等）；皮肤中的脂质具有不溶于水的特性，能阻止水分的流失，起到皮肤保湿的作用。

三、皮肤的变化

（一）皮肤的代谢

皮肤并不是"永远都不变的"，它其实处于不断地更新变化中，其中，皮肤表面角质层的代谢变化尤其快，这也是受伤后皮肤能迅速修复的原因之一。角质层主要存在着以下的四个代谢途径。

1. 角质细胞的代谢

角质细胞是角质层的主要框架，是形成角质层的一块块"砖"。在这当中，基底层是表皮细胞产生的地方，扮演着"母亲"的角色，源源不断地生产出新的细胞，推动着旧的细胞向上移动，由新变老，变成最上层的老化角质细胞。最终，老化的角质细胞会从皮肤表面自行脱落，这个过程需要约28天。角质细胞的正常代谢，能让我们的皮肤看起来白皙且富有光泽（图1-4）。

2. 角质层脂质的代谢

角质细胞代谢过程中，会产生一些油脂，这些油脂跟我们印象中的油、脂肪（由甘油和脂肪酸组成）不同，能起到保湿而不油腻的作用，主要由神经酰胺、胆固醇、脂肪酸等组成。脂质成分具有"排斥水"的特性，于内能将水分子锁

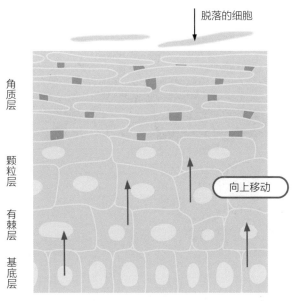

脱落的细胞

向上移动

角质层

颗粒层

有棘层

基底层

图1-4　角质细胞的代谢

在皮肤里面，杜绝水分的蒸发，于外能防止各类有害物质的入侵，起到保湿、防护的双重作用。在护肤品中，它们是非常重要的保湿修复成分，尤其对于敏感性皮肤，是很好的天然修复成分（图1-5）。

3. 天然保湿因子的代谢

天然保湿因子存在于角质细胞（"砖"）中，由50∶50的氨基酸、盐，以及乳酸、尿素等构成，决定着整个角质层的干湿情况。除此之外，皮肤的干湿情况跟外界环境的湿度变化也有很大的关联性。皮肤就像是一碗水，无时无刻不在

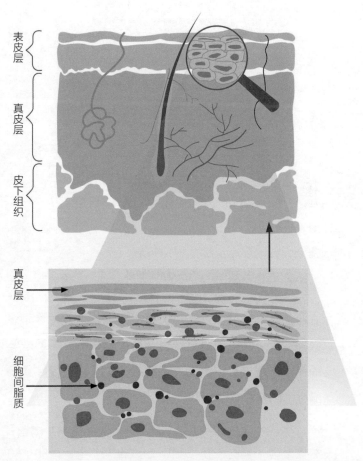

表皮层

真皮层

皮下组织

真皮层

细胞间脂质

图 1-5　角质层脂质的代谢

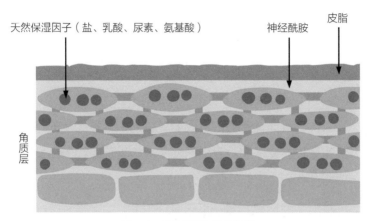

图1-6　天然保湿因子的代谢

悄无声息地蒸发着水分，外界的环境越干燥，皮肤蒸发的水分就越多（图1-6）。

4. 角质细胞脱落代谢

正所谓"旧的不去，新的不来"，老旧的角质细胞脱落、新生的角质细胞不断地替补，才能使皮肤保持良好的光泽。毛周角化症（即鸡皮肤）就是角质细胞代谢异常的典型皮肤病。使用具有酸类成分的护肤品，能加速角质细胞的代谢、改善毛囊口的堵塞情况，而这些酸类护肤品，正是通过加快角质层的代谢，起到对毛囊的治疗作用。

（二）季节对皮肤的影响

关于季节对皮肤的影响，我们最直观的感受就是：在炎热、紫外线强烈的夏季，皮肤会变黑、出油会增多，但事实上，季节对皮肤的影响并不只是这样。

1. 冬天是最容易被晒伤、晒黑的季节

人体有着非常智能的自我调节机制，这种灵活的调节能力同样体现在皮肤上：我们的皮肤会根据紫外线的强度，灵活调整自身的"抗紫外线能力"。

根据文献研究，最小红斑量（MED）可理解为皮肤的防晒红能力，最小持续黑化量（MPPD）则可以理解为皮肤的防晒黑能力，而它们在夏季的数值最大，冬季的数值最小。也就是说，皮肤在冬季时反而更不"耐晒"，容易被晒红、晒黑，在夏季更"耐晒"，不容易被晒红、晒黑（表1-1）。

表1-1　不同季节里皮肤的防晒能力

季节	MED/毫焦·厘米$^{-2}$	MPPD/焦·厘米$^{-2}$
夏季	105.18 ± 29.78	29.74 ± 4.55
秋季	99.86 ± 18.03	23.27 ± 4.65
冬季	93.24 ± 11.24	19.10 ± 5.68
春季	103.91 ± 21.41	20.94 ± 4.63

护肤启示 虽然冬季的紫外线强度变弱了，但我们皮肤的"抗紫外线能力"同样也变弱了，冬季仍然需要重视皮肤

的防晒。

2. 夏季是皮肤最油的季节

四季的皮肤油脂含量的情况是：夏季＞春季＞秋季＞冬季，因此，皮肤在夏季时最油。另外，皮肤的出油状况还跟我们的年龄、性别关系密切，相对而言，年轻的男性及女性（20～29岁）更容易出现皮肤油脂分泌过多的情况。

护肤启示 夏季应重视皮肤的清洁，防止过度分泌的油脂堵塞毛孔，出现长痘的情况。

3. 秋季、冬季是皮肤最干燥的季节

秋冬季节是皮肤相对最干燥的时间，在这时候皮肤的角质层含水量最低，皮肤更粗糙，皮肤的屏障功能相对最弱，更容易出现发炎、过敏等情况。另外，随着年龄的增长，我们皮肤的含水量也会越来越低，因此，秋冬季节尤其要注意皮肤的保湿。

护肤启示 秋冬季节应注意皮肤的保湿，尤其是干性皮肤，随着年龄的增长，应使用油脂含量更高、保湿性更好的护肤品（如面霜）来增强皮肤的保湿功能。

4. 春季是皮肤状态相对较好的季节

春季、夏季是皮肤湿度较高的季节，皮肤也会因此而显得更细腻。另外，皮肤从干燥、寒冷的冬季，过渡到含水量更高、更温暖的春季，皮肤的弹性及其他状态也会相对更好。

但对于容易敏感的皮肤而言，春季冷暖交替、温度变化明显，再加上空气中存在花粉等容易致敏的物质，反而容易加重皮肤过敏的状况。

护肤启示 注意皮肤的保湿、防晒，让皮肤保持温暖，能让皮肤变得细腻、光滑。如果出现皮肤敏感的状况，应及时就诊咨询。

四、皮肤的颜色

遗传基因是决定肤色的第一要素，日晒则是决定肤色的第二要素。不同人种的肤色是完全不一样的，这是由我们体内基因差异决定的。因此，即使黑色人种去寒冷的极地生活，他们的肤色也不会因为紫外线的减少而得到太大的改变。

（一）肤色是由什么决定的？

皮肤的颜色，是由皮肤内部存在的色素和皮肤表面的光滑度共同决定的。

就像红、黄、蓝是颜料的三原色，皮肤内部的色素也可分为"四大原色"，它们分别是：褐色、黄色、红色、蓝色，它们在皮肤中的不同比例，造就了每个人不同的肤色。

1. 褐色

也就是我们最熟悉、最讨厌的黑色素，它是影响我们皮肤颜色的主要因素，也是我们解决皮肤美白问题的关键。

黑色素的代谢是一个非常复杂的过程。它"出生"于表皮的基底层，在那里，黑色素细胞是一个多产能劳、寿命特长的"母亲"，在紫外线、化学品、激素等因素的刺激下，产生无数黑素小体。

为了让黑素小体更"厉害"，黑色素细胞会请酪氨酸酶当帮手，让黑素小体进化为黑色素，在皮肤表面"作威作福"，导致皮肤出现晒黑、长斑、色沉。

黑素小体、黑色素终其一生都在慢慢远离"母亲"的怀抱，从皮肤的里层（基底层）到达最外层，最终要么被降解、吞噬，要么随着角质细胞脱落（图1-7）。

2. 黄色、红色、蓝色

黄色是外源性的胡萝卜素，来源于各类蔬菜、水果。大家常说的橘子、胡萝卜吃多了会变黄，其实就是因为摄入太多带黄色的胡萝卜素，导致皮肤被"染"上了黄色。

红色是氧合血红蛋白的颜色，蓝色是去氧血红蛋白的颜色，我们印象中的"气色好"，其实就是由于氧合血红蛋白的含量丰富，使皮肤显得更红润。

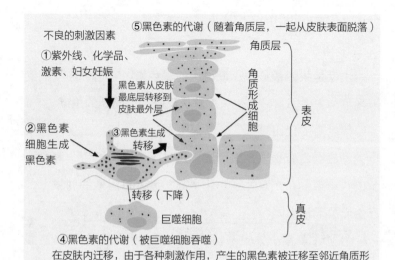

图 1-7　黑色素的代谢过程

除了构成皮肤的四大原色，部分核苷酸、氨基酸、尿刊酸、卟啉等也会对皮肤的颜色有一定的影响。

3. 皮肤表面的光滑度

很多人会有这样的体验，敷完补水面膜之后，会感觉自己的皮肤"变白了"，这并不是一种错觉，是因为皮肤角质层含水量增加后，皮肤表面更加饱满光滑，从而有规则的反射光线，形成明亮的光泽，因此确实会看起来变白了。

至于大家最关心的，为什么老了之后脸会变黄？其实跟皮肤中的胶原被氧化、角质层含水量下降等都有关。随着年龄的增长，我们的皮肤会看起来越来越黄。

（二）黑色素是皮肤的保护者

虽然大家都对黑色素"恨之入骨"，但它其实是防止紫外线损伤我们皮肤的"保护伞"。黑色素一方面能散射掉紫外线，另一方面能将紫外线转化为光能，从而保护其他的皮肤组织不被伤害。

由于黑色素是皮肤的保护者，黑色素更少的浅肤色人群自然也更不"耐晒"，他们的皮肤更容易被晒伤，罹患皮肤癌的风险也更高，因此，"长得黑"并不一定是坏事，这意味着你的皮肤对阳光的防御能力更好。当然，这也意味着，我们努力地变白，其实也让我们抵御阳光伤害的能力变弱了，作为代价，我们应该更认真地进行防晒，"有多努力变白，就要多努力地防晒"。

第二节

破坏皮肤的常见有害因素

氧化、糖化是近几年非常热门的说法，相信大家都对他们有所耳闻。除此之外，紫外线对皮肤的损伤也是非常大的，为了帮大家更好地认识这些对皮肤有害的因素，并且针对性地做好防护措施，我们将在这一节展开具体的讨论。

一、皮肤的氧化

关于"抗氧化"，大家应该都不陌生，对我们的皮肤而言，抗氧化等同于抗衰老、美白、退黄，是非常重要的皮肤美容手段。

（一）什么是氧化

苹果放久了会变得干瘪、发黄，铁制品放久了会生锈，这些都属于生活中的氧化反应（图1-8）。

图 1-8　苹果氧化反应

对人体而言，我们无时无刻不在进行着呼吸，氧气为我们的生命代谢提供能量的同时，也在产生一种叫自由基的有害垃圾。在一定的程度以内，自由基可以被机体清除掉。但随着年龄的增长，体内的自由基会越来越多，机体无法将它们清理干净，大量的自由基会成为体内的"黑恶势力"，在人体里"胡作非为"，导致皮肤损伤、衰老，这就是皮肤的氧化应激反应。

（二）氧化反应的危害

氧化反应存在于整个衰老的进程中，对衰老起着"推波助澜"的作用。年龄增长、日光伤害、不良的环境因素等，都会加剧皮肤的氧化反应，大量的自由基会与脂类、蛋白质、核酸等能让我们保持年轻的物质结合，成为无法被分解代谢的"生物垃圾"。长此以往，皮肤会慢慢失去年轻时的美丽和活力，出现衰老、变黑、长斑、发炎等一系列不好的变化。

（三）氧化是怎么发生的

与皮肤的衰老一样，皮肤的氧化也是由多种因素共同作用产生的，可大致分为内、外两个原因。

1. 内在因素

衰老是我们代代相传的基因，所谓的"呼吸都在变老"是由基因决定的内在氧化衰老进程。另外，生病（如糖尿病、高血压等）、营养物质（如硒、维生素E、维生素A等）缺乏等对机体的不良影响，也会加剧体内的氧化反应。

2. 外在因素

除了机体的内在原因，外源性的不良影响，也会加剧皮肤的氧化进程，如日晒、吸烟、饮酒、暴饮暴食等不健康的生活方式（图1-9）。

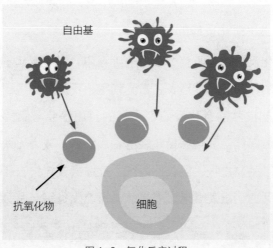

图1-9　氧化反应过程

（四）如何减少氧化的危害

1. 养成良好的生活习惯

日晒对皮肤氧化的促进作用尤为突出。虽然基因作用是我们暂时无法逆转的进程，但通过防晒，减少日晒带来的光老化，是我们很容易做到的（图1-10）。

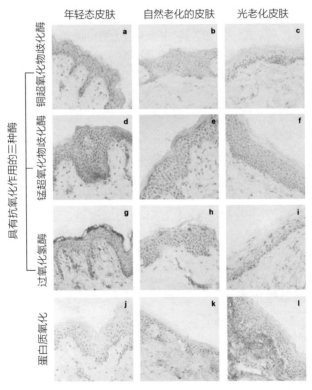

注：相对于正常皮肤，光老化皮肤中的抗氧化物质（CuZn-SOD、Mn-SOD、CAT）明显减少，且光老化皮肤的真皮组织中，被氧化的蛋白质明显增加。

图1-10 抗氧化物质对皮肤的影响

另外，规律的生活作息、健康的饮食、保持心情的愉悦、进行锻炼等对身心有益的活动，对我们的身体健康、延缓衰老，同样也是非常有益的。

2. 护肤成分推荐

以下列举部分具有抗氧化能力的护肤成分（表1-2）：

表1-2　8种具有抗氧化能力的护肤成分

维生素C	维生素E	谷胱甘肽	超氧化物歧化酶
辅酶Q10	阿魏酸	α-硫辛酸	植物提取物

1）维生素C

天然存在的抗氧化剂，大部分新鲜的果蔬都含有丰富维生素C，在护肤品中，维生素C更多地以衍生物的形式存在，如抗坏血酸-6-棕榈酸盐、抗坏血酸磷酸镁、左旋抗坏血酸维生素C等。

2）维生素E

脂溶性的维生素，大豆、坚果、油脂中含有丰富的维生素E，在护肤品中与维生素C一同使用，具有更好的抗氧化活性。

3）谷胱甘肽

由谷氨酸、胱氨酸、甘氨酸组成的一种三肽，是人体内存在的天然物质，对细胞代谢起着重要的调节作用，能促进糖、脂肪、蛋白质的代谢。

谷胱甘肽主要存在于酵母菌、动物肝脏、猪瘦肉、西红柿等食物中，具有强大的抗氧化作用。其主要作用介绍如下。

（1）抗氧化。还原型谷胱甘肽（GSH）是谷胱甘肽的活性成分。一方面通过"自我牺牲"的方式，GSH能"偷天换日"代替细胞内的蛋白质、酶，主动与自由基相结合，形成氧化型谷胱甘肽（GSSG），从而防止正常细胞被破坏；另一方面，GSH还能把已经被氧化了的有害产物，给还原成无害的物质，也就是大家常说的"解毒作用"。

谷胱甘肽不仅"业务能力"强，还有很强的"尽忠职守"意识。"主动献身"后被氧化的GSSG，会在辅酶的作用下，重新被还原成具有活性的GSH，继续开展自己的"惩奸除恶"之旅。

总而言之，谷胱甘肽抗氧化能力强大，不仅能防止细胞被伤害，"净化"有害物质，还是个"尽忠职守"的好员工。

（2）美白。谷胱甘肽作为肝病的治疗药物，在治疗过程中，人们发现，接受治疗的患者出现了皮肤变白的现象。由此发现，谷胱甘肽能抑制黑色素产生的酶、扫除氧化自由基，起到不错的美白作用，美白精华、美白丸中都可以见到它的身影。

谷胱甘肽的抗氧化、解毒能力确实强，更让它成为肝病治疗药物的翘楚，但遗憾的是，它的"活性"太难被保存了，很容易失效，大大限制了它在美容保健领域的使用。

4）超氧化物歧化酶（SOD）

这也就是大家最熟悉的广告词"某宝天天见"里面的SOD蜜，由于抗氧化能力不错，副作用少，它也是大牌护肤品钟爱的护肤成分。

SOD是一种含铜、锌、铁、锰的金属蛋白酶。要想搞清楚SOD，还得从它的起源说起。早在几十亿年前，地球的氧气急剧减少，大量的生命体死亡，而少量不那么需要氧的生物则得以幸存，并在这种低氧环境下产生了SOD，SOD是生物体内存在的天然抗氧化物质。下面主要谈谈SOD在皮肤领域的应用。

（1）抗氧化。因"抗氧而生"的SOD，其抗氧化能力远超其他的抗氧化剂：①直接清理掉自由基；②增强抵抗力，避免外界环境刺激机体产生过多的自由基；③提高人体对自由基的抵抗力、适应力。

SOD作为生物体活性氧的过度堆积的第一道防线，是维持生命健康、延缓衰老的有效途径，被广泛应用于医药、食品、化妆品领域。

（2）防晒。属于SOD抗氧化功能的延续，SOD能减少光照引起的氧自由基损害，虽然SOD确实具有抗辐射的作用，但并不是真正的防晒成分，最多算是辅助的防晒成分。

（3）抗衰老。作为强大的自由基清除剂，SOD能高效地清除随年龄增长产生的大量自由基，起到保护皮肤细胞、延缓皮肤衰老的作用。看到这里，相信不少人脑子里都会冒出念头"什么？那我天天用SOD不就得了！"

虽然理论上SOD确实具有抗衰老作用，但因其分子量大、稳定性差，决定了它更多的功效只能是保湿。

5）辅酶Q_{10}

辅酶Q_{10}广泛存在于动物、植物、微生物中，又被叫作泛醌或泛醇（Ubiquinon，跟维生素B_5不是一回事儿）。

辅酶Q_{10}广泛存在于身体的各个器官中，一方面，它扮演着"发电机"的角色，帮助增强细胞活力；另一方面，扮演着能量转化过程中的"清道夫"角色，帮助清除氧化反应中产生的自由基，起到双管齐下的抗氧化作用。

除了直接的抗氧化，辅酶Q_{10}还能辅助另一种抗氧化剂——维生素E的再生，起到间接抗氧化的作用。因此，辅酶Q_{10}被广泛应用于食品、药品、化妆品等领域。

辅酶Q_{10}在皮肤内的含量并不高，主要存在于最外面的表皮层，其作为外用护肤品的添加成分，能阻止紫外线引起的胶原降解，起到一定的抗光老化作用。

6）阿魏酸

阿魏酸是存在于各类植物中的天然提取物，是大牌护肤品钟爱的天然抗氧化、美白剂，阿魏酸及其酯类衍生物具有显著的抗氧化、防晒、美白作用。

（1）抗氧化。阿魏酸既能直接消除自由基，也能间接地清理自由基，抑制产生自由基的酶，促进能清除自由基的酶，从而发挥强大的抗氧化作用。

（2）防晒。阿魏酸能吸收紫外线，常被添加于防晒剂中，减轻皮肤被晒黑的情况。

（3）美白。阿魏酸能抑制酪氨酸酶活性，减少黑色素细胞的增殖，从而抑制黑色素的生成，起到一定的美白作用。

7）α-硫辛酸

除了抗氧化，α-硫辛酸还具有抗炎、抑制黑色素生成的作用，起到抗衰老、美白、消炎、促进皮肤愈合的作用，还能用于白癜风、糖尿病皮肤病变等的治疗。

由于α-硫辛酸对细胞的作用还处于研究阶段，科学家得到的研究结果也并不确定（特别是它对人体是否具有副作用），国内还并不允许它被添加到护肤、保健品中，仅在国内的药物、国外的保健品（如抗糖丸等）中能见到它的身影。

8）植物提取物

如黄酮（如芸香甘、橘皮苷）、类黄酮（大豆素、水飞蓟素）、类胡萝卜素（虾青素、叶黄素、番茄红素）、多酚（鞣花酸、迷迭香酸、金丝桃素、绿原素）等都具有抗氧化作用的活性成分。

其中，最热门的当属虾青素。在体外实验中，它的抗氧化能力优于传统的抗氧化成分，科学家们曾对小鼠进行了实验，将虾青素涂抹在皮肤上，可以起到不错的抗光老化作用，通过提高皮肤对日光氧化反应的抵抗力，减少日晒导致的皮肤晒红、松弛、皱纹、粗糙等现象。当然，并不是所有虾青素效果都这么好，虾青素可通过人工合成，也可通过天然提取。一般而言，从天然藻类中提取的虾青素效果被广泛地认可。

当然，虾青素也有它的不足，如容易失活，需要避光保存，不能存放太久等，如果大家使用含这类成分的护肤品，应注意这些问题。

3. 生活、饮食建议

（1）坚持运动，但运动不宜过于剧烈。长期有规律的运动被认为具有良好的抗氧化作用，尤其是有氧运动（如游泳、瑜伽等），能减少体内的慢性炎症反应、延缓身体器官的氧化损伤（图1-11）。与之相反的是，剧烈、长时间的运动反而会增加自由基的生成。

图 1-11　游泳

（2）水果、蔬菜、谷物、茶叶等都含有丰富的多酚化合物及维生素，它们是很好的天然抗氧化食物。国外有学者对常见的抗氧化食物进行了研究，发现它们抗氧化能力的强弱排序如下：蓝莓＞红樱桃＞咖啡＞菠萝≈红酒≥橙子≈黑巧克力≈苹果（图1-12）。

图 1-12　常见的天然抗氧化食物

（3）补充微量元素。许多微量元素（如硒、锌、铜）会参与体内抗氧化酶的构成，代表食物有鱼类、海鲜、动物内脏（如肝、肾）、蛋类、小麦等（图1-13）。

图 1-13　含有微量元素的部分代表食物

二、皮肤的糖化

抗糖作为一个非常火的概念，从美女明星到网红博主，几乎人人都在谈论它。首先要强调，作为三大能源之一，糖是我们皮肤所需要的正常营养。

对皮肤有害的，是"过度的糖"或"机体无法正常代谢的、多余的糖分"。根据《中国居民膳食指南（2016）》的建议，每人每天糖的摄入量不能超过50克，最好限制在25克以内。如果你特别嗜甜，长时间摄入过度的糖分，又不能将它们及时地代谢掉，就很容易让皮肤处于高糖的环境中，皮肤会因为糖化反应而出现暗沉、变黄、衰老等。

（一）什么是糖化

糖化反应规范名称叫作非酶糖基化反应，它的发现源于食品化学工业，于1912年由法国人Louis Camille Maillard提出，因此也被叫作美拉德反应（图1-14）。

图1-14　糖化反应

对糖化反应的研究最开始出现于食品领域，人们在烤面包、烤肉、炸薯条、煎鸡蛋时发现，食物会失去原有的结构、质地，并呈现出褐色、发焦的外观，这种外观的改变，正是食物中的糖类和氨基酸化合物发生反应的结果。因此，你能想象到，当你开心地大口吃着这些香喷喷的食物时，其实也同时在摄入大量的糖基化终产物（AGEs）。

（二）糖化反应的危害

对皮肤的糖化反应的认识最初源自对糖尿病的研究。糖尿病患者的高血糖水平，让皮肤也处于高糖环境中，并最终出现一种叫"糖尿病皮肤病变"的并发症。在高糖环境下，糖类会和皮肤内的蛋白质、氨基酸、脂类相结合，生成糖基化终产物（AGEs），导致它们失去原有的结构和功能，成为有害的"生物垃圾"，危害皮肤的各个层次。

在表皮层面，会出现表皮细胞减少、细胞排列紊乱，导致皮肤变薄、变脆弱、表面粗糙、无光泽；在真皮层面，会出现胶原损伤，糖化反应、氧化反应、羰基应激，疯狂加快皮肤的衰老进度条；而炎性因子的增多，则导致皮肤容易发炎、长痘；在皮下组织层次，皮下脂肪则会萎缩、消失，全方位加重皮肤的松弛衰老现象（图1-15）。

28

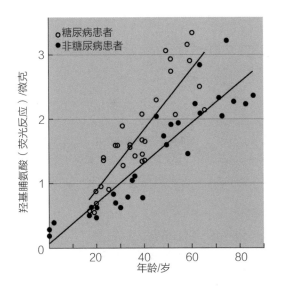

注：皮肤内的糖化产物随年龄的增长而增加，糖尿病患者皮肤中的糖化产物比正常人皮肤中的糖化产物更多，更容易发生衰老现象。

图1-15　糖尿病患者与正常人群皮肤内糖化产物含量对比

（三）糖化是怎么发生的

皮肤的糖化反应和食物是一个道理的。蛋白质、氨基酸、脂类都是皮肤的重要物质，当我们摄入过度的糖分时，皮肤中堆积的糖分就会和这些物质相结合，导致它们失去正常的结构和功能，皮肤表现为脆弱、暗沉、衰老（图1-16）。

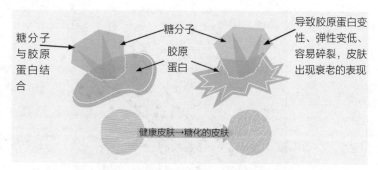

图1-16　皮肤糖化反应的发生过程

（四）如何减少糖化的危害

1. 控制饮食

（1）停止摄入额外的糖分。抗糖化的第一步，是戒掉各类对身体没有营养价值的甜食和垃圾食品。一般来讲，500毫升的可乐，含有50克左右的糖分，一杯750毫升（大杯）正常糖的奶茶，就含有99克左右的糖分（图1-17）。

（2）减少糖基化终产物（AGEs）的摄入。对皮肤有害

图1-17　奶茶与可乐

图1-18　煮红薯

的AGEs，当然是"躲得远远的为上"。能被吃下去的AGEs有什么呢？蛋白质和各种煎、炸、烤、烘食物的烹饪方法，如薯条、煎蛋、烤鱼、炸鸡、饼干等，虽然确实很好吃，但这类食物中含有大量AGEs。相比起来，蒸、煮的食物中含有的AGEs更低（图1-18）。

（3）饮食要均衡。不挑食绝对是个好习惯。有研究发现，相对于偏食、纯素食的人，什么都吃的人血液中的AGEs更低。

（4）增加运动量。"管住嘴，迈开腿"适用于每一个想抗糖化的人。作为三大能源之一的糖，是我们运动时首先被消耗掉的供能物质，运动能帮助消耗掉身体多余的糖分，起到抗糖化的作用。

2. 护肤成分推荐

（1）多肽类。是护肤品添加的热门成分之一，属于细胞内的蛋白质成员，既然大家都是"被上贡"的蛋白质，多肽能"主动献身"，代替皮肤原有的蛋白质，与糖发生糖化反应，起到抗糖化的作用。

（2）烟酰胺。美白退黄的明星成分，还能同时起到抗氧化和抗糖化的效果。

（3）植物提取物。山楂多糖、桑黄提取物、芪类化合物（如白藜芦醇）、绿茶提取物（茶多酚）、银杏提取物、葛根提取物、芦丁、槲皮素等，越来越多的植物提取物被发现具有抗糖化的效果。

（4）抗氧化成分。氧化和糖化是相辅相成的关系，抗氧化的同时，也是在抗AGEs，如前面提到的抗糖化成分也都具有抗氧化的作用，而维生素C、维生素E等抗氧化剂，自然也具有一定的抗糖化功效。

3. 吃抗糖丸有用吗

抗糖丸的基本架构以抗糖化成分（如多肽）、抗氧化成分（如维生素C、维生素E）和植物提取物为主，但如果没有减少糖分的摄入、合理膳食、增加运动量，这些产品只能起到有限的效果，因为对抗糖化而言，饮食和运动是很重要的。

三、日晒与皮肤

沐浴在温暖的阳光之下，是一种极大的幸福，但对我们的皮肤而言，阳光其实是"有害"的（表1-3）：

表1-3　阳光对人类的健康益处和伤害作用

益处	伤害作用	
	急性伤害作用	慢性伤害作用
· 精神愉快、健康、心情平静和安静 · 促进代谢过程 · 促进维生素D的合成	· 晒伤 · 光反应 · 光诱发疾病 · 免疫抑制 · 伤害眼睛 · 热量的消耗	· 皮肤老化 · 皮质癌

　　适度接受日晒，确实有利于身体健康，但过度日晒带来的皮肤伤害也不小。

　　根据日晒后的皮肤反应（晒红、晒黑），科学家们发明出了Fitzpatrick-Pathak皮肤分型，将皮肤分为以下的六种类型（表1-4）。

表1-4　日光反应性皮肤类型及其各型特点

皮肤类型	日晒红斑	日晒黑化
I型	极易发生	从不发生

（续表）

皮肤类型	日晒红斑	日晒黑化	
Ⅱ型	容易发生	轻微晒黑	
Ⅲ型	有时发生	有些晒黑	
Ⅳ型	很少发生	中度晒黑	
Ⅴ型	罕见发生	呈深棕色	
Ⅵ型	从不发生	呈黑色	

　　皮肤类型决定了日晒后的皮肤反应、皮肤改变。事实上，中国女性以Ⅱ、Ⅲ、Ⅳ型皮肤最多见，且70%以上的中国女性都是Ⅲ型皮肤，这决定了我们中的大部分人既容易被晒红，也容易被晒黑；其次为Ⅱ型、Ⅳ型皮肤，前者更容易

被晒红，后者更容易被晒黑。由此可以看出，中国大部分女性都会被晒黑，这也是为什么变黑是绝大多数女性的烦恼。当然，除了晒黑，日光还会对皮肤产生一系列不良影响。

（一）日光对皮肤的危害

多种波长［如紫外线A（UVA）、紫外线B（UVB）、紫外线C（UVC）等］的太阳光都会对皮肤产生伤害，而地球表面的臭氧层是我们的光防护伞，能吸收大量UVC和UVB，很少或不吸收UVA和可见光。在这之中，又以UVA、UVB对皮肤的伤害最大。

UVB主要停留在皮肤的较浅层次——表皮层，皮肤在暴晒之后，短时间内集聚的高能量UVB，会导致皮肤出现晒伤反应（晒红）。相比起来，UVA属于能量低、累积伤害大的辐射，它能到达皮肤的较深层次——真皮层，会刺激皮肤黑色素的生成，导致皮肤逐渐被晒黑，还能加重皮肤的氧化应激反应，出现光老化的现象。另外，UVA和UVB都有"致癌作用"，因此，长时间暴露在日光之下，还可能会引发DNA的突变，导致皮肤癌的出现（图1-19）。

总而言之，紫外线对我们的皮肤而言，是非常不友善的，紫外线的几大"罪证"：① "怂恿"酪氨酸酶把黑素小体"教坏"，导致皮肤晒黑、晒红，导致色斑的出现或加

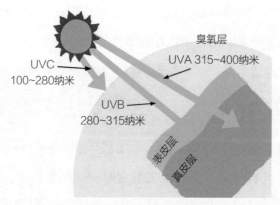

图 1-19　不同波长的紫外线

重；②"教唆"自由基去攻击正常的细胞、胶原，加剧皮肤氧化，导致皮肤的光老化，出现干燥、皱纹、粗糙、毛孔粗大等皮肤改变；③引起光线性皮肤疾病，如多形日光疹、慢性光化性皮炎，甚至是皮肤癌（如基底细胞癌、鳞状细胞癌

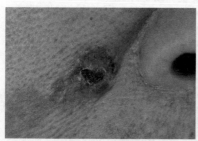

图 1-20　基底细胞癌
（图片来源于中山大学附属第五医院马寒）

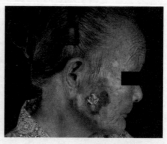

图 1-21　面部鳞状细胞癌
（图片来源于中山大学附属第五医院马寒）

等，见图1-20、图1-21）。

（二）如何科学防晒

防晒对于美白、减少色斑、抗衰老、皮肤健康，都具有非常重要的意义。关于防晒，需要记住以下几个要点。

1. 一年四季都需要防晒

7月是我国紫外线最强的月份，12月虽然紫外线相对更弱，但同样有一定量的紫外线，且这个时候我们皮肤的抗紫外线能力很弱，紫外线对皮肤仍有不容小觑的"威力"。因此，一年四季我们都需要防晒。

2. 阴天、室内也需要防晒

UVA的穿透能力很强，它能穿透云层和玻璃，因此，在阴天、靠窗的室内，仍有不少的UVA，虽然它不像UVB那么猛，一下子就把皮肤晒伤、晒黑，但长期累积的UVA对皮肤的伤害非常大，不仅会导致皮肤"慢慢"的变黑，还会加速皮肤的衰老，增加患皮肤癌的风险。

3. 防晒方法要正确

防晒伞、衣物、帽子、太阳镜都是很好的防晒物品，在选择防晒物品时，大家应尽量选择结构紧密、厚的、深色的纤维织物，它们的紫外线防护系数（UPF）更高，具有更好的防晒能力。防晒霜则是保护我们不受阳光伤害的最后一层保障，它对于皮肤的光保护同样是非常重要的，我们将在专门的防晒化妆品章节讨论（图1-22）。

图 1-22　防晒用具

CHAPTER

第二章

2

护肤品的作用

1 第一节

皮肤的清洁

对皮肤而言，清洁是必要的（图2-1），如果不进行皮肤清洁，或清洁不到位，会导致彩妆、皮脂、角质层碎片、灰尘、污垢等物质长时间残留在皮肤上，形成毛孔的堵塞，还会进一步发生物理化学、生物化学反应，最终形成伤害皮肤的物质，影响皮肤的正常新陈代谢，导致皮肤变得粗糙、晦暗，加速皮肤的衰老进程，甚至出现皮肤的感染、发炎以及皮肤疾病。

图 2-1　用洗面奶洗脸

一、洁肤制品原料的基础知识

虽然清洁可以去除皮肤表面的有害物质，但很多具有清洁功效的护肤成分，都不可避免地会对皮肤造成一定的伤害，如何做到有效又温和的清洁，是一件非常有技巧的事情。为此，我们需要对洁肤制品的原料进行基础的了解，帮助我们选择更适合自己、且足够温和安全的卸妆、洁面产品。常见的洁肤制品原料有以下两类。

1. 表面活性剂

表面活性剂是市面上在售的卸妆、洁面产品的核心成分，它们具有良好的清洁、起泡能力，是各类洁肤制品的主要成分；另外，表面活性剂由于同时具有亲水性、亲油性基团，能"拉拢本不相融的水和油"，使之发生乳化，所以能被用作护肤品的乳化剂（详见本章第二节）。

根据在水中离解性质的不同，可将表面活性剂分为阴离子、阳离子、非离子、两性表面活性剂，由于阳离子表面活性剂在护肤品中应用较少，故不在此讨论。下表为洁肤制品常用的表面活性剂分类（表2-1）。

表2-1　洁肤制品常用表面活性剂分类

分类	举例	说明
阴离子表面活性剂	天然皂基、复配皂基（钾盐、三乙醇胺盐）	呈碱性，起泡丰富，清洁力强，对皮肤刺激性很大
	硫酸酯盐：包括月桂醇硫酸酯盐类（SLS）、月桂醇聚醚硫酸酯钠（SLES）、烷基硫酸酯盐（钠盐、铵盐、三乙醇铵盐）、烷基聚醚-3硫酸酯盐（钠盐、铵盐、三乙醇铵盐）	常用的表面活性剂，清洁力好，刺激性较大，与其他温和的表面活性剂相配合可减少皮肤刺激性
	单烷基磷酸酯（如月桂基磷酸酯三乙醇铵盐）	清洁力、起泡均较好，较温和
	磺基琥珀酸单酯钠盐、脂酰基羟乙磺酸盐（钠盐或铵盐）	性质温和，清洁力中等，常与其他表面活性剂配合使用
	N-酰基氨基酸表面活性剂（如N-脂酰基谷氨酸、N-脂酰基肌氨酸、脂酰基甘氨酸、甲基椰油酰基牛磺酸钠、脂酰基多肽钠盐等）	性质温和，其中谷氨酸类起泡丰富，清洁力适中；肌氨酸类表面活性剂清洁力弱
两性表面活性剂	甜菜碱（如椰油基甜菜碱）	性质温和，清洁力弱，能降低其他成分的刺激性
	N-烷基氨基酸表面活性剂（如N-十二烷基-β-氨基丙酸）	性质温和的氨基酸表面活性剂，起泡丰富，清洁力中等
	咪唑啉型	性质温和，清洁力弱
非离子表面活性剂	烷基葡糖苷	植物原料合成的温和表面活性剂，清洁力中等，起泡较丰富

　　氨基酸类表面活性剂、两性表面活性剂、非离子表面活性剂都属于温和的表面活性成分，对皮肤的刺激性比较低。其中，氨基酸类表面活性剂能兼顾温和性和良好的清洁力，

因此受到了广泛的欢迎。

2. 其他

除了表面活性剂，油性原料和水也具有清洁的能力。油性成分的化妆品原料如白油、凡士林、羊毛脂、植物油、酯类等，能帮助去除防水性美容化妆品和油溶性污垢，卸妆油就是全油性组分的代表。当然，水同样也是具有清洁力的，但它们清洁力较弱，卸妆水就是以水分原料为主的卸妆产品。

由于现代人多有化妆的习惯，因此，面部的清洁既包括对彩妆的卸除，又包括对皮肤油脂、角质层碎片、灰尘、污垢等的清洁，以下将面部皮肤的清洁分为卸妆和洁面两部分来讲解。

二、卸妆

经常会听到长痘人群的抱怨："我最近每天化妆，感觉痘痘变严重了"。事实上，痘痘的发生，主要跟激素水平异常及皮脂分泌过度有关。但需要注意的是，卸妆不干净、卸妆产品乳化不完全、化妆品的残留等，确实会加重皮肤感染、发炎的状况，而使痘痘变得更严重。因此，正确的选择、使用卸妆产品是必要的（图2-2）。

图 2-2　用卸妆油卸妆

（一）卸妆的作用

"妆感好""不脱妆"是大家对底妆的重要评判指标，这得益于化妆品中的黏合剂、成膜剂及包裹技术，它们使得彩妆中的各类成分，能牢牢地被"黏合"在一起，在涂抹后形成一层防水防汗的"膜"，使用起来不容易掉妆、脱妆。

彩妆中的黏合剂通常由矿油或油脂组成，在成膜剂、包裹技术的加持下，普通的亲水性的洁面乳，很难将防水又防汗的顽固彩妆卸除干净，这时候，我们需要清洁能力更佳的卸妆产品，才能将彩妆完全卸除干净。

卸妆可以彻底地把皮肤上的彩妆卸除干净，避免彩妆长时间残留在皮肤上，对皮肤造成不必要的伤害。

（二）卸妆不干净的危害

彩妆中的粉质、油脂、其他物质长时间残留在皮肤，不仅会堵塞毛孔，还会增加皮肤感染、发炎的风险，导致皮肤容易出现闭口、粉刺等，还会导致皮肤长痘的情况加重。

如果卸妆不干净，导致有害的彩妆物质长时间残留在皮肤，还会给皮肤带来更长久的危害，使皮肤变得暗沉、粗糙、容易衰老。

（三）卸妆产品的分类、作用及适用人群

市面上的卸妆产品可主要分为卸妆油、卸妆膏、卸妆乳/霜、卸妆水四大类。

1. 卸妆油（图2-3）

油脂成分的比例高，还会添加适量的表面活性剂。主要通过"以油溶油"的方式溶解彩妆，遇水后表面活性剂会将皮肤表面的油脂、污渍乳化，使其容易被水冲走，达到清洁卸妆的效果。其卸妆能力最强，最适合浓妆的卸除。

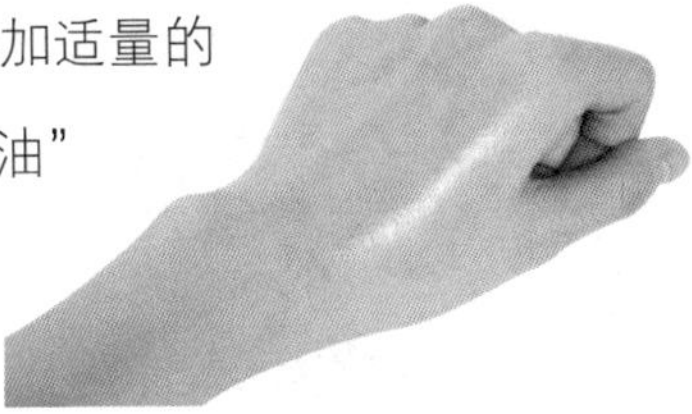

图 2-3　卸妆油

卸妆油使用的油脂可以是矿物油，也可以是天然的动、植物油，其中，以植物油成分为主的卸妆油相对而言更环保、对皮肤也更温和，对皮肤的刺激性更低。

2. 卸妆膏（图2-4）

在卸妆油的基础上，添

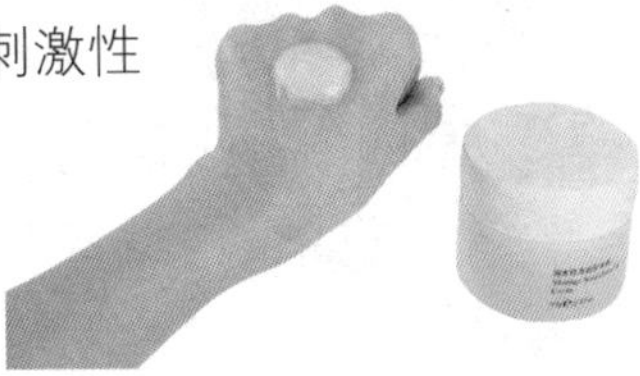

图 2-4　卸妆膏

加一定的水分，再通过乳化剂混合而来。外观上呈固体状，卸妆能力同样不错，适合浓妆的卸除，但质地上没有卸妆油那么油腻，更容易清洗。

3. 卸妆乳/霜（图2-5）

其实就是常规的乳霜，加上清洁能力更好的表面活性剂成分，通过乳霜与彩妆的相互溶解来达到卸妆的作用。清洁能力适中，对皮肤的滋润度好，刺激性低，更适合干性皮肤、敏感性皮肤，可以卸除大部分的日常妆容。

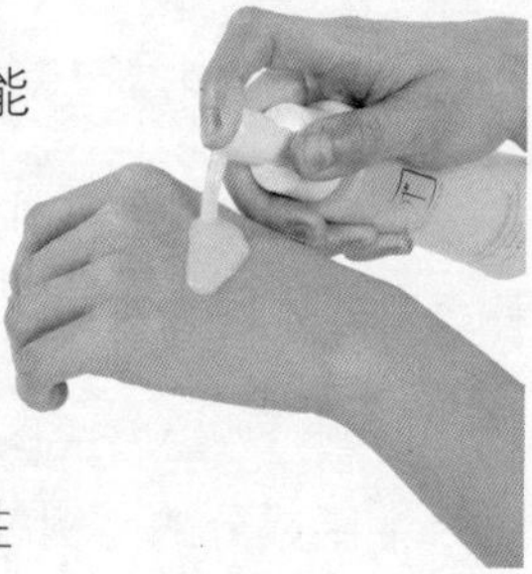

图2-5 卸妆乳

4. 卸妆水（图2-6）

以水的成分为主，同时含有清洁成分和保湿成分，能同时起到清洁、保养皮肤的作用。另外，一些卸妆水中会添加较多的醇类成分（如乙醇、异丙醇），敏感性皮肤的人群应注意避免使用它们。

图2-6 卸妆水

卸妆水对彩妆的卸除能力较弱，通常需要借助卸妆棉的物理摩擦力，才能达到比较好的卸妆效果，因此，卸妆水更适合淡妆的卸除。

（四）卸妆技巧

需要注意的是，卸妆时太过用力，会产生较大的物理摩擦，再加上卸妆产品中的清洁成分，会增加对皮肤的伤害。因此，为尽量减少卸妆对皮肤产生的伤害，卸妆时应遵守时间不宜过长、手法不宜过重的原则（表2-2）。

表2-2　不同卸妆产品的卸妆方法

步骤	分类		
	卸妆油	卸妆膏	卸妆水、卸妆乳、卸妆霜
第一步	洗干净自己的双手，并把双手擦干		
第二步 溶解彩妆	保证手、面部是干燥的前提下，将卸妆产品均匀的涂到脸上，用手指指腹轻柔的打圈按摩10~15秒，直到彩妆完全浮出	保证手、面部是干燥的前提下，挖取适量的膏体涂到脸上，轻柔的按摩10~15秒，直到彩妆完全浮出	将卸妆水/卸妆乳倒至化妆棉上，再将沾有卸妆产品的化妆棉，于面部进行轻柔的按压、擦拭，达到卸妆的效果
第三步 乳化	将手打湿（或用喷雾将清水喷到面部），然后继续在面部进行按摩，待卸妆油/膏变至白色的乳液状，则表示乳化完成		无须乳化
第四步 清洗	使用温水将卸妆产品清洁干净即可，如觉皮肤较油，后续可使用洁面乳，进行再次清洁。淡妆或比较敏感的皮肤，直接用温水清洗干净卸妆产品即可，没必要进行二次清洁		

（五）卸妆Q&A

1. 什么时候需要卸妆

使用粉底、粉饼、散粉、遮瑕膏、隔离霜、素颜霜、BB霜、CC霜等具有遮瑕作用的化妆品后，都需要卸妆，这些化妆品不仅含有粉质成分，还含有增加化妆品的皮肤附着力、防水防汗的成分，需要使用卸妆产品才能完全卸除干净。

2. 只用了防晒霜，需要卸妆吗

物理防晒剂如果残留在皮肤上，可能会造成毛孔的堵塞，而化学防晒剂如果残留在皮肤上，会进一步被皮肤吸收，对皮肤产生危害。因此，使用防晒霜后，一定要仔细清洗面部，避免由于防晒产品卸除不干净，而给皮肤带来危害。

另外需要注意的是，标注能防汗防水的防晒霜，它们中会添加一些能增加皮肤附着力的成分，可使用卸妆产品进行清洁。

三、洁面

"我一天洗三次脸都油""我都是清水洗洗脸就行"，关于洁面，很多人都有类似这样的疑问：我是不是每天都

要使用洗面奶？什么洗面奶适合我？每天用几次洁面乳最合适？

（一）洁面的作用

卸妆主要是为了卸除皮肤表面残留的彩妆物质，而洁面则具有更广泛的用处，能帮助去除皮肤表面的油脂、污垢、死亡的角质细胞及其他代谢物等，因此，我们每天都需要洁面，以防止各类物质对皮肤可能产生的不利影响。

（二）清洁适应度

如果不进行清洁，皮肤上残留的皮脂、汗液、死亡的角质细胞、彩妆、灰尘、有害微生物等，会对皮肤产生危害。

但如果清洁过度，会使我们的皮肤受到损伤，皮肤屏障功能被破坏，导致皮肤敏感等皮肤疾病的出现。

当然，我们皮肤使用的清洁产品会温和、低敏得多，但如果过度地使用它们，仍然不能避免清洁产品给皮肤带来刺激性。

因此，最理想的清洁效果，是刚好能把皮肤表面的有害物质去除，而又不会对皮肤产生损伤。

（三）读懂洁面产品的成分表

洁面产品的成分表能帮我们判断洁面产品的清洁能力、皮肤刺激性，便于我们选择产品。

洁面产品的组成要素有表面活性剂、保湿剂、润肤剂、其他组分、水分。其中，表面活性剂是洁面产品的"灵魂"，决定它的去脂、清洁能力，是洁面乳成分中我们需要重点关注的要素；保湿、润肤剂起到缓和的作用，能减少洁面后的紧绷感；其他组分中，色素、香精属非必要成分，且有增加皮肤过敏的风险，敏感性皮肤应避开它们。

表面活性剂是洁面的核心要素，但洁面产品通常会添加多种表面活性剂，而我们最需要关注的，是排名靠前、添加量最高的2~3个核心表面活性成分。

强清洁力的表面活性剂——皂基、硫酸盐表面活性剂（如SLS/SELS），它们的去脂、清洁能力都很强，但偏碱性、刺激性较大，对皮肤屏障功能而言并不友好，即使是油性皮肤，也不建议长期使用以它们为主要成分的洁面产品，因为这类产品多具有强去脂能力，可能会损伤皮肤屏障功能。

敏感性皮肤还应注意的成分：非离子表面活性剂（烷基葡糖苷），这类成分一直被奉为很温和的表面活性剂，但随着它的广泛应用，关于它导致接触性皮炎的报道却越来越多，直至2017年，美国接触性皮炎协会（American

Contact Dermatitis Society）将它送上了"年度过敏原"的位置。

对大部分皮肤而言，以氨基酸、两性表面活性剂为主（即它们处于成分表靠前的位置）的洁面产品是更好的选择。

（四）洁面产品大解析

除了会看成分表，洁面制品的"剂型"同样非常重要。

1. 洁面皂（图2-7）

属于最早期的洁面制品，通常以皂基为主要基质，使用后皮肤有紧绷感，对大部分人皮肤而言，都比较刺激。

图 2-7　洁面皂

2. 洁面乳/洁面膏/洁面凝胶（图2-8）

洁面乳/洁面膏是主流的洁面产品，适合大部分肤质的人群；洁面凝胶质地更清爽，尤其适合油性皮肤的人群（表2-3）。

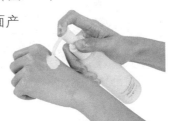

图 2-8　洁面乳

表2-3　不同洁面制品的特征

分类	洁面乳	洁面膏	洁面凝胶
特征	以乳液为基质的洁面产品，油类含量更低，清洁力、温和程度视使用的表面活性成分而定	以膏霜为基质的洁面产品，油类含量更高，清洁力、温和程度视使用的表面活性成分而定	通常添加了透明/半透明的聚合物基质，使其外观呈现凝胶质地，更容易被皮肤吸收，清洁力、温和程度视使用的表面活性成分而定

　　此外，还有一个简单的洁面产品选择技巧，由于洁面产品的起泡程度能反映洁面的清洁/去脂能力，因此，我们可根据其起泡情况，判断洁面产品的清洁能力（图2-9）：①起泡丰富的产品其使用的表面活性剂清洁力更好，或使用的表面活性剂含量更高，去脂能力好，适合油性皮肤。

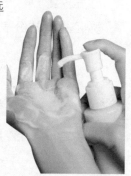

图 2-9　洁面乳起泡

②起泡少的产品其使用的表面活性剂清洁力弱，或使用的表面活性剂含量较低，去脂力度偏弱，更适合中性、偏干性皮肤。③另外，还有一些洁面产品是不起泡的，这类洁面使用的表面活性剂很少，或使用的是温和、不起泡的表面活性剂，通常去脂能力很弱，适合干性皮肤。但需要注意的是，如果你使用的是无泡型的洁面，需要用清水清洗干净，以避免其残留在皮肤而产生危害。

3. 洁面泡沫（图2-10）

根据发泡原理的不同，可
将洁面泡沫分为机械发泡型、
化学发泡型。

机械发泡型是由于洁面产品里

图 2-10　洁面泡沫

装了一个按压的起泡装置（泵），
即瓶子里面装的并不是泡沫，而是按压之后通过泵来起泡
的。它的优势是方便，通过按压就能让表面活性成分均匀
地分布在泡沫中，避免不能充分发泡导致的局部刺激问题，
如果你没有耐心给洁面乳发泡，不妨尝试这类洁面产品（图
2-11）。

图 2-11　起泡装置（泵）

化学发泡型洁面，即添加了能自动起泡的成分（如低沸
点的氟醚成分），这类洁面需要接触皮肤升温后，才会出现
发泡，泡泡面膜也是一样的原理。

4. 洁面粉（图2-12）

主成分依然是表面活性剂，这类洁面产品的最大优势在于不用添加水、防腐剂、乳化剂等，配方更简单。但一些洁面粉会添加去角质的成分，长期使用可能会损伤皮肤屏障功能，因此不适合长时间、频繁地使用。

图 2-12　洁面粉

（五）洁面小技巧

（1）洁面前，应将洁面产品充分起泡后，再用到面部，否则会导致乳化不完全、表面活性剂分布不均匀，增加洁面产品对皮肤的刺激性。

（2）可根据皮肤的干、油程度调整洁面产品的用量，感觉皮肤偏干的时候，少用一点，皮肤偏油的时候，多用一点。

（3）洁面手法要轻柔，以T区为重点，在面部进行打圈按摩，洁面时间控制在30秒以内，以清洗后感觉皮肤清爽，没有紧绷、干燥感为宜（图2-13）。

图 2-13　洁面手法

（六）关于洁面的常见Q&A

1. 洁面乳存在保湿、祛痘、美白、抗衰老等功效吗

清洁是洁面乳的基本功效，因此，即使添加了相应的活性成分，洁面乳能起到的其他功效也很有限。

另外，控油、祛痘也是很多洁面产品最喜欢宣传的功效，但这些成分的实际用量有限，再加上它们在皮肤的停留时间很短，能起到的实际作用不大。

至于祛痘功效，因痘痘是在内分泌的影响下，皮脂出油增多、毛囊堵塞、痤疮丙酸杆菌感染、皮肤发炎等多因素共同作用的结果，使用去脂能力好的洁面产品，只能说对祛痘有一定的帮助。

一些商家还对自己的产品冠以"美白洗面奶"的美称，但事实上，黑色素存在于皮肤的内部，而洗面奶只能短暂地停留在皮肤上，很快被清水冲洗掉，起到的美白功效有限。同样，号称能"抗衰老"的洗面奶，实际作用也很有限。

2. 如何判断一款洁面产品是否温和

成分是决定一款洁面产品是否温和的关键，而判断一款洁面产品是否温和，主要从以下几个方面入手。

（1）表面活性剂。表面活性剂主要起清洁的作用，通常成分表里排名靠前、最主要的表面活性剂，是决定一款洁面产品是否温和的关键。

较温和的表面活性剂举例如下：N-脂酰基谷氨酸盐、N-脂酰基肌氨酸盐、脂酰基甘氨酸和脂酰基多肽盐、烷基葡糖苷、PEG-n甲基葡糖脂肪酸酯、甲基脂酰基牛磺酸盐、甲基椰油酰基牛磺酸钠、羟乙磺酸钠、脂酰基羟乙磺酸钠、磺基琥珀酸单酯钠盐、椰油酰/油酰胺丙基甜菜碱、椰油酰两性基二乙酸二钠、月桂亚氨基二丙酸钠、单烷磷酸酯盐等。

（2）保湿、润肤剂。保湿、润肤剂起到保湿、软化、营养、减少洁面刺激性的作用，是洁面产品重要的复配成分，油类成分在洁肤后会形成护肤膜，使皮肤柔润、不干燥。

（3）防腐剂、香精、酒精等添加成分。酒精具有脱脂、消炎的作用，对油性皮肤而言，使用添加有酒精的洁面产品是有一定好处的。对于敏感性皮肤，香精、酒精属于非必要的添加成分，会增加皮肤的致敏风险，尽量避免使用它们。另外，还应避开刺激性大、容易致敏的防腐剂，如甲醛、甲醛释放剂、羟苯酯类、甲基氯异噻唑啉酮/甲基异噻唑啉酮、甲基二溴戊二腈等。

3.是不是纯氨基酸洁面产品最好

偏碱性的洁面产品对皮肤的伤害性是不容置疑的。我们的皮肤是偏酸性的，而碱性配方的洁面产品会破坏皮肤原本的弱酸性，对皮肤产生伤害。相比起来，氨基酸表面活性剂性质温和，清洁力适中，且复配后能呈现与皮肤类似的弱酸性，对皮肤很温和，因此受到了消费者、商家的热捧。

氨基酸洁面产品确实具有性质温和、对皮肤伤害小的优点。但并不是每个人都"只能用纯氨基酸体系的洁面产品"。如SLS、SLES类的表面活性成分，它们虽然有皮肤刺激性，但清洁能力良好，复配在以氨基酸表面活性剂为主的洁面产品中，对于油性皮肤是不错的选择。

第二节

皮肤的日常保养

皮肤保养的意义在于解决或缓解已存在的皮肤问题，预防或延迟将会出现的皮肤问题（图2-14）。

曾有人提出"小孩子什么都不用，皮肤也很好，长大了抹各种护肤品，皮肤反而出现各种问题！如果停止化妆，也不用护肤品，皮肤会不会变得更好？"

皮肤问题的出现跟护肤品是不相关的，如皮肤衰老和长斑，是年龄增长和日晒后光老化共同作用的结果，而长痘则更与体内的内分泌水平相关，无论你是否使用护肤品，它们都会出现。这些皮肤问题的出现跟护肤品并没有关系，相反，添加了特定功效性成分的护肤品，还能帮助预防、改善皮肤问题。

图 2-14　皮肤保养

一、化妆品原料的基础知识

虽然化妆品的种类和名称繁多，但它们实际上有异曲同工之妙。无论是化妆水、精华、乳液、面霜、面膜，或者是防晒霜，它们使用的基本原料其实是类似的，对这些基本原料进行了解，能帮助我们更好地认识护肤品。

（一）油性原料

油性原料是化妆品需要的重要基质原料。可简单理解为护肤品中的"油"，在常温下有液态（油）、半固态（脂）、固态（蜡）三种形式，油脂、蜡、脂肪酸、脂肪醇、酯类都属于油性原料。

油性原料的"封包性"强，能在皮肤表面形成疏水的油膜，起到保护、保湿、加速吸收、柔软皮肤的作用，被应用于各类乳液、膏霜等保养品，也能用于防晒、彩妆类产品；还具有以油溶油的清洁作用，可被用于卸妆油（表2-4）。

表2-4 油性原料的分类、来源与特征

	分类		来源、特征
天然油性原料	植物油	橄榄油、蓖麻油、杏仁油、霍霍巴油等	从植物、动物中提取而来
	植物油脂	可可脂、婆罗脂、芳香蜡（如水仙花提取物、玫瑰花提取物）等	
	动物性油脂	水貂油、海龟油、鱼油、卵磷脂、羊毛脂等	
	动物性蜡	蜂蜡等	
矿物油质原料		液体石蜡、凡士林、固体石蜡、地蜡等	从天然矿物（如石油）中，加工提取而来，价格便宜
合成油性原料	羊毛脂衍生物	羊毛醇、羊毛酸、液体羊毛脂等	将上面的油、油脂原料进一步加工而来，属于去除缺点、保留优点的升级版原料
	硅油及其衍生物	二甲硅油、环状聚硅氧烷等	
	角鲨烷		
脂肪酸、脂肪酸酯、酯类	脂肪酸	月桂酸、肉豆蔻酸、棕榈酸等	将动植物油脂、蜡水解后，进一步分离纯化而得。还具有清洁、乳化的作用，可被用于洁面、卸妆、乳、霜等化妆品
	脂肪醇	月桂醇、鲸蜡醇、硬脂醇、油醇等	
	酯类	硬脂酸丁酯、肉豆蔻酸肉豆蔻酯、油酸甲酯、蓖麻酸、硬脂酸单甘油酸、乙酰羊油酯等	

（二）溶剂原料

溶剂原料同样是护肤品重要的基质原料，可简单理解为护肤品中的"水"，蒸发性强，主要起到溶解、稀释其

他成分的作用。用于护肤品中的溶剂主要为水、醇类（表
2-5）。

表2-5　溶剂原料的种类和特征

种类	特征
水	化妆水、乳液、膏霜等化妆品中的主要成分。跟我们理解中的水不同，化妆品中的水是经过特殊处理的，多为不含杂质、金属离子的去离子水。 如果按"水"的占比大小对护肤品进行排序：化妆水＞精华＞乳液＞面霜，按"油"的占比大小排序：面霜＞乳液＞精华＞化妆水
醇类	如乙醇、异丙醇。 乙醇又名酒精，是一种能溶解于有机、无机物质的溶剂，还具有脱脂、灭菌、收敛等特性，可使化妆品具有清凉感。 异丙醇是经石油提炼的醇类原料，可作为抗菌剂、溶剂使用

（三）乳化剂

除部分水和凝胶质地的护肤品外，大部分类型的护肤品
（如乳、霜等）都需要添加乳化剂。

前面提到过，水、油是化妆品重要的基质成分，但水的
质地太清了，油的又太油腻了，单独使用水或油，不能达到
理想中"不油腻，又足够滋润保湿"的效果。水加油的配方
能结合两者的优势，使护肤品具有良好保湿滋润性的同时，
也不会过于油腻。

但由于水和油是不相融的，为此，需要找一个"媒
介"，将它们拉到一起——这正是乳化剂的作用，乳化剂能

将水、油混合，使护肤品呈现或清稀或稠厚的乳状液（即不透明乳白色的乳、霜质地）（图2-15）。

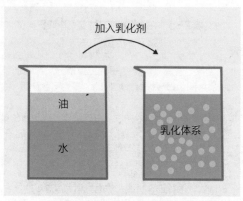

图 2-15　乳化剂的作用

因此，乳化剂是一类非常重要的护肤品原料，其普遍存在于乳、霜类质地的护肤品，另外，一些精华、化妆水也会使用少量的乳化剂，使之能添加更多的保湿及其他功效的护肤成分。化妆品中常用的乳化剂列举如下（表2-6）。

表2-6　化妆品中常用的乳化剂

种类	特征
合成表面活性剂	即皮肤的清洁章节提到的表面活性剂，它们既具有清洁功能，也能被用作乳化剂。 是目前应用最广泛、最重要的乳化剂。 对皮肤有一定的刺激性风险，其中，添加两性表面活性成分、非离子表面活性成分的乳化剂更温和

（续表）

种类	特征
聚合物	如天然的动植物胶、聚乙烯醇、羧甲基纤维素钠盐等。 通常用于增加乳化液的稳定性，还能起到增稠，减少乳、霜的油腻感的作用
天然产物	如卵磷脂、羊毛脂、胆固醇、阿拉伯树胶、明胶、纤维素、木质素等。 天然无毒，但乳化性能差，需要与其他乳化剂配合使用
固体颗粒	如黏土、二氧化硅、超细颗粒的氧化锌、二氧化钛等。 常见于防晒剂中，对皮肤刺激性小，同时具有遮盖、防晒的作用，能减少表面活性剂的使用量

（四）聚合物

在护肤品中，聚合物也是非常重要的一类原料，它具有非常广泛的用途。聚合物被添加于化妆水中，能使化妆水的外观看起来更清透，同时起到增稠、保湿、成膜的作用；作为乳化剂被添加于乳霜中，使之具有一定的黏度，减少其油腻感；用于制作凝胶质地的护肤品。常用于护肤品中的聚合物举例如下（表2-7）。

表2-7 常用于护肤品中的聚合物

分类		举例
天然、改性天然聚合物	源于植物的天然聚合物	如阿拉伯树胶、果胶、琼脂、海藻酸钠、纤维素衍生物（甲基纤维素、乙基纤维素、羧甲基纤维素等）、瓜尔胶、植物蛋白类（如水解大豆蛋白、玉米谷氨酸、水解杏仁蛋白）

（续表）

分类		举例
天然、改性天然聚合物	源于微生物的天然聚合物	如黄原胶、葡聚糖、角质蛋白
	源于动物的天然聚合物	如水解胶原、明胶、弹性蛋白、丝蛋白
	其他	糖胺聚糖（如透明质酸、硫酸软骨素），可来源于动物组织、微生物发酵及化学合成
以石油、二氧化硅为基础的合成聚合物		如聚乙烯醇、丙烯酸、丙烯酸盐、丙烯酸酯、聚氧乙烯
无机物		如胶性硅酸镁铝

二、化妆水

（一）化妆水的作用

化妆水最主要的成分是精制水，及少量保湿润肤的成分。因此，化妆水的基本功能是作用于皮肤的表浅层次，给角质层补水、保湿及二次清洁。由于化妆水中能"锁水"的油脂成分较少，使用后水分将很快散失，因此，其保湿作用有限。

此外，部分化妆水还会添加少量的乳化剂（表面活性剂），以及胶质的聚合物，使化妆水具有更好的保湿性，或同时具有其他功效。

（二）化妆水的常见分类

常见的护肤用化妆水可分为以下几类，它们的特征作用、适用人群列举如下（表2-8）。

表2-8　化妆水的常见分类

分类	收敛化妆水	柔肤化妆水	平衡化妆水
特征作用	以含有以下成分为特征：①收敛剂如硫酸锌、氧化锌、柠檬酸、乳酸、水杨酸，及植物提取物（金缕梅提取物、仙人掌果等）。②乙醇、异丙醇、薄荷醇等，使护肤品具有冰凉的肤感；收敛化妆水能起到抑制油脂分泌、细腻皮肤的作用	以添加了具有润肤功效的油类成分为主要特征，如植物油（沙棘油、霍霍巴油）、角鲨烷、羊毛脂等。另外需要添加表面活性剂（乳化剂）帮助油类成分融于化妆水中。大部分保湿化妆水都属这一类型，通常保湿、润肤作用较好，能使皮肤保持柔软、光滑	以添加了能对皮肤酸碱度起调节作用的缓冲剂为特征，如乳酸、乳酸钠、辛酰基甘氨酸、柠檬酸等。通过调节皮肤的pH值、水分，使皮肤恢复健康的弱酸性状态，起到保护皮肤的作用
适用人群	耐受性良好的油性皮肤适用，如添加的醇类（乙醇、异丙醇）含量较高，则不适合长期适用。敏感性皮肤慎用	更适合干性皮肤，及中性皮肤秋冬季节适用	适用于各类型肤质的皮肤。大部分化妆水都会添加调节皮肤酸碱度的缓冲剂。实际上，大部分化妆水都具有平衡皮肤酸碱值的作用

当然，一些化妆水可同时具有以上两种或三种特性，大家可从化妆水是否含有对应的特征成分，判断其作用。

（三）化妆水的使用技巧

皮肤清洁后就应当使用化妆水。使用时，将化妆水倒出，用手指轻拍，帮助化妆水的吸收。

化妆水本身蒸发得很快，使用化妆水能增加皮肤角质层的水分含量，有利于后续功效性成分的吸收。因此，不要等到化妆水完全变干，而应当在面部还处于微微湿润的状态时，就继续使用精华、乳液等后续护肤产品。

（四）化妆水Q&A

1. 浓稠型化妆水是不是更好

根据质地的不同，可将化妆水分为清爽型、浓稠型。一般来讲，浓稠型化妆水由于质地更黏稠，给人以"用料更足"的感觉（图2-16）。

事实上，添加保湿成分或增稠剂，都能使化妆水的质地变得稠厚（更稠厚的贴片式面膜也是同样的道理）。

其中，增稠剂能在皮肤表面形成一层"保湿膜"，即通过"封包"的作用减少水分流失（但它们本身并不是什么"高级"的成分）。但要注意的是，使用大量的增稠剂（如卡波姆、黄原胶、羟甲基

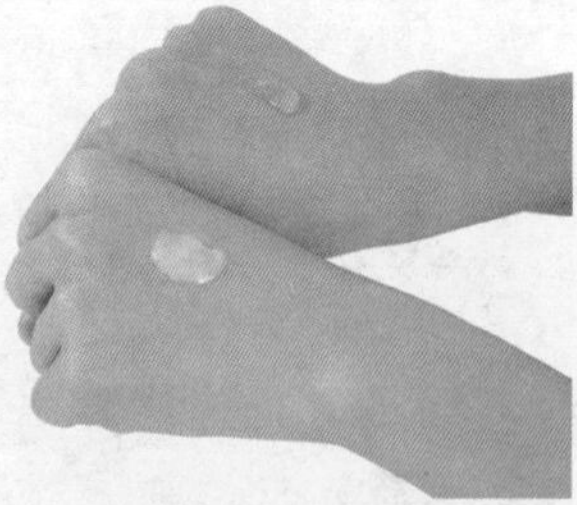

图2-16 化妆水对比

纤维素等），来增加化妆水的"保湿感"，不利于后续产品
（尤其是功效性的精华）的吸收。

因此，浓稠型化妆水未必更好。如果使用化妆水后，皮
肤有明显的膜感、假滑感，这正是以增稠剂为主的化妆水，
它们不利于后续产品的吸收。

2. 保湿喷雾的真相（图2-17）

保湿喷雾可分为两类，
一类是使用了喷雾包装的化妆
水，它们本质上跟化妆水没有
区别，但使用起来更方便。

一类是矿泉水喷雾，主要

图 2-17　保湿喷雾

成分是矿泉水，并不具有保湿的作用，主要起到即刻降温、
舒缓的作用。

3. 凝胶的真相（图2-18）

凝胶化妆品可分为无水凝胶、
水或水-醇类凝胶、透明乳液三
种，其中目前使用最多的为水或水-
醇类凝胶（水凝胶）。

水凝胶通常呈现半透明或透明
的质地，核心成分为60%～90%的
水，与化妆水不同的是，水凝胶质

图 2-18　凝胶

地的护肤产品，添加了使水能够聚集成凝胶的成分，如卡波姆、羟乙基纤维素、硅酸铝镁等凝胶剂，使产品最终呈现出凝胶的质地。

凝胶化妆品具有吸收良好、使用感舒适的优点，相对于化妆水，它能添加的活性成分更多。相对于乳液/面霜，水凝胶添加的保湿、润肤剂更少，保湿性更差，但不需要使用乳化剂，因此其致痘、致敏的风险更低。

凝胶中还可添加具有美白、舒缓抗敏等多种功效的护肤成分，及多种功效的植物提取物，使之具有保湿、美白、舒缓抗炎、祛痘等多种功效。另外，水凝胶还可以添加少量的醇类（如酒精），使之呈现更透明的质地以及凉爽的肤感。

4.如何判断化妆水中是否含有酒精

通常含"醇"字的护肤成分容易被认为是酒精类成分，如乙醇等，都属于护肤品中的酒精成分。但这并不意味着"醇"就是酒精，如丙二醇、丙三醇（甘油）、山梨糖醇，它们都属于常见的保湿成分。

三、精华

（一）精华的作用

精华又被称为美容液，属于功效性更显著的"浓缩型产品"，主要特征为添加了较高浓度的活性成分，能起到更好的护肤功效。

（二）常见精华产品的分类

（1）按照质地稀稠的不同，精华可细分为精华水/液、精华露、精华乳、精华霜，几者之间的主要区别，在于水-油比例的不同，你也可以把它们想成是，添加了更多活性成分的水、乳、霜。

（2）按照添加活性成分的不同，可将精华分为以下几类（表2-9）。

表2-9　精华分类

分类	代表原料	功效
保湿精华	以添加了较高比例的仿天然保湿因子成分（聚乙烯吡咯烷酮、透明质酸、壳聚糖）、羊毛脂、矿物油、凡士林等具有良好保湿性的原料为特征，通常呈现膏霜的质地	具有良好的保湿、封闭性，更适合干性皮肤
美白精华	以添加了维生素C及其衍生物、壬二酸、烟酰胺、熊果苷、曲酸及其衍生物、L-半胱氨酸、鞣花酸、光甘草定等具有美白功效的活性成分为特征	具有美白、淡斑的作用，适用于有美白淡斑需求的皮肤。需要注意的是，美白精华可能具有皮肤刺激性
舒敏修复精华	以添加了泛醇、角鲨烷、神经酰胺、尿囊素、β-葡聚糖、甘草酸盐、积雪草提取物等具有消炎、保湿、修复功能的活性成分为特征	具有消炎、舒缓皮肤的作用，适用于敏感性皮肤，或刷酸后用于皮肤舒缓

（续表）

分类	代表原料	功效
抗氧化精华	以添加了维生素E、维生素C及其衍生物、SOD（超氧化物歧化酶）、辅酶Q10、虾青素、绿茶提取物、姜黄提取物等具有抗氧化功能的活性成分为特征	由于皮肤的衰老、变黄都跟氧化有关，因此，这类精华能涵盖抗氧化、抗衰老、美白的多方位功效
抗衰老精华	以添加了维生素A衍生物（维A醇）、多肽（如六胜肽）、果酸、红藻类酵母分解产物、二甲氨基乙醇等具有抗衰老作用的活性成分为特征	具有延缓皮肤衰老的作用
抗粉刺（祛痘）精华	以添加了水杨酸、果酸、乳酸、植物提取物（甘菊、黄芩、苦参等）等具有消炎、调理角质功能的活性成分为特征	具有减少皮脂分泌、消炎、调节角质的作用，对痘痘有一定的缓解作用

（三）精华的使用技巧

精华应在使用化妆水后的下一步骤使用，这样能将皮肤调整至吸收力最良好的状态。使用化妆水后，在皮肤仍是半湿润的时候，将精华涂于面部，再用手指轻拍至吸收。当然，眼周也是可以使用精华的，但不能太靠近眼睛，以免刺激到眼部黏膜。

还应注意的是，浓稠型化妆水会影响后续精华的吸收，大家如果要使用精华，应避免含有大量增稠剂、成膜剂的浓稠型化妆水。

（四）精华Q&A

1. 敏感性皮肤能用精华吗

敏感性皮肤可以使用具有修复舒敏功能的精华，但要注意产品中是否含有高致敏性的成分，如甲醛和甲醛释放体、异噻唑啉酮类的防腐剂，容易致敏的香料，以及一些高浓度的植物精油成分。

2. 冻干粉的护肤真相

近年来，冻干粉是很热门的护肤产品，很多人都会问，冻干粉究竟好不好用？

实际上，冻干粉并不是护肤品，而是一种生物保存技术，被广泛地应用于药品、美容、食品领域，如肉毒毒素、还原型谷胱甘肽等药品，以及冻干咖啡粉，都是使用"冻干"的形式进行保存的。

冻干粉的优势在于不需要添加剂（如防腐剂）就能很好地保持生物活性，对功效性成分而言，是一种不错的保存形式；但它的缺点同样也很明显，如价格昂贵、多需要冷藏。

至于冻干粉实际的护肤功效，则要取决于产品的核心成分，"冻干技术"本身并不具有实际的护肤功效（图2-19）。

图2-19 冻干粉

四、乳液、面霜

（一）乳液、面霜的作用

乳液、面霜能同时为皮肤补充重要的油类成分、亲水性保湿成分和水分，帮助皮肤保持水分平衡，使皮肤保持柔软、润泽。同时，油类成分还能在皮肤表面形成一层护肤膜，防止水分蒸发，还能避免环境中不良因素的刺激。

乳液和面霜在作用上的主要区别在于，面霜的油类原料更多，具有更好的保湿、软化皮肤的功效。当然，如果将适量的功效性活性成分（如具有美白、抗衰老、修复等功能的原料），添加于乳/霜产品中，它们也会同时具有相应的护肤功效（类似于护肤精华）。

（二）乳液和面霜的区别

两者的基本组成是类似的，主要由水、油、乳化剂组成，两者的主要区别在于水-油比例的差异。通常来讲，乳液的含水量更高，而油脂的含量较少；面霜则相反，其油脂的含量更高，含水量较乳液更低。因此，乳液的质地通常比霜剂更稀，保湿性也更弱（图2-20）。

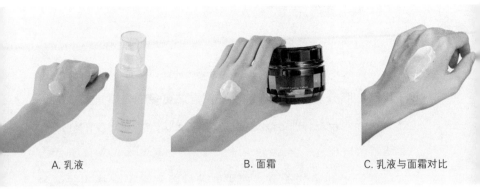

A. 乳液   B. 面霜   C. 乳液与面霜对比

图 2-20　乳液和面霜的质地对比

（三）乳液/面霜的使用技巧

乳液应在精华之后使用，待精华被皮肤吸收后，再将乳液用手指均匀地涂抹到面部（记得不要用力地去揉搓面部）。

面霜是在乳液之后使用的加强型保湿产品，但过多的油反而会影响皮肤的正常呼吸和代谢，因此油性皮肤不建议使用质地油腻的面霜。对干性皮肤而言，如果使用乳液后，仍感觉皮肤较干燥（如在干燥的秋冬季节），可叠加使用面霜，面霜的使用手法同乳液。

在涂抹乳/霜时，可根据皮肤的干/油状况，灵活调节单次用量，即在皮肤干燥的位置（如面颊）多涂一些，在皮肤出油多的位置（如T区）少涂一些。

（四）乳液/面霜Q&A

1. 如何选择乳霜

应根据皮肤的干/油情况，灵活调整自己的护肤方案，对于皮肤油脂分泌不足的干性皮肤，含油更多的面霜是更好的选择，而对皮肤油脂分泌过度的油性皮肤，含油更少的乳液是更好的选择。

夏天出油多的季节，如果乳液就能够满足皮肤的保湿需求，可减少面霜的使用。秋冬干燥的季节，可叠加使用面霜，增强皮肤的保湿性。

当然，不同厂家生产的乳霜产品，由于配方体系的不同，其最终呈现的使用感受也是不一样的。即使产品都属于乳液，水-油比例、乳化体系等的配方差异，会导致我们出现不同的主观使用感，如保湿度、滋润度、油腻感、吸收快慢等。

2. 如何选择具有功效性的乳霜

市面上的乳霜产品非常多，不少还添加了一些活性成分，因此宣传的功效很复杂，注意下面两点，能帮你选到合适的产品：①对于具有特定功效的乳霜，需要注意商家宣称添加的主要成分，是否处于成分表靠前的位置，以判断其是否真的添加了足够的浓度；②不盲目相信商家的宣传，处于成分表靠前位置的功效性成分，能代表产品的真实功效。

通过以上步骤，你可以大致了解一款护肤品的实际护肤功效。

3. 用完面霜之后油光满面怎么办

可能是面霜对你的皮肤而言太过于滋润了，也可能是你不习惯油包水型的护肤品。

油包水型的护肤品质地厚重，使用后会呈现满脸油光的状态，多呈不透明的白色、黄色，如冷霜、晚霜、婴儿护肤霜，它们的优势在于保湿性更好，更适合干性皮肤，或在秋冬季节使用。

与之相对应的是水包油型护肤品，通常质地清爽，呈半透明流动液体，皮肤吸收快，如乳液、乳霜，带有"乳、露、蜜"字样的护肤品，如果想要更清爽的使用感，可选择这类乳霜产品（图2-21）。

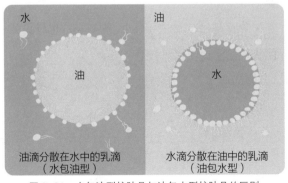

图 2-21　水包油型护肤品与油包水型护肤品的区别

五、面膜

（一）面膜的作用、分类、适用人群

面膜的作用是涂敷在脸上，在脸上形成一层膜状物，经过一段时间后，将面膜取下或清洗掉，达到清洁、护肤、美容的作用。

不同类型的面膜，其添加的成分也不一样。这决定了它们具有不同的作用。

市面上的面膜可大致分为贴布式面膜、涂抹式面膜、水洗/免洗面膜，以下就常见的面膜类型进行介绍（表2-10）。

（二）面膜的使用技巧

贴布式面膜是目前最主流的面膜类型，也是最推荐大家使用的面膜类型，其使用小技巧如下。

（1）敷面膜不必过于频繁，每周3次左右即可，可根据皮肤状况灵活调整次数。

（2）敷面膜时间不宜过长，一般控制在20分钟左右，敏感肌应控制在10分钟以内。

（3）夜间、沐浴后是最好的敷面膜时间。夜间皮肤的

表2-10 常见的面膜类型

分类		简介	作用	适用人群
贴布式面膜		将无纺织布浸入面膜液内，通常采用单片独立包装，使用时直接拆开敷贴于面部，经15~20分钟后取下即可	贴布式面膜的主要成分是保湿润肤剂，还可添加不同的活性成分，使之具有修复、美白、祛痘等不同的功效	适合大部分人，可根据自己的护肤需求进行选择。敏感性皮肤人群应使用成分精简、低敏、不含香精、酒精等容易致敏的成分，添加的防腐剂应温和低敏
涂抹式面膜	揭剥式面膜	也称为撕拉面膜，贴到脸上变干后，能结成一层膜，如粉末状的撕拉面膜（使用增稠剂和凝胶的黏土），凝胶式面膜（使用了聚乙烯醇为成膜剂）	以高岭土、云母等黏土为主要成分，待干燥、变硬后洗去	适合于耐受性好的油性皮肤，可局部用于黑头粉刺（如鼻头贴），建议1个月使用不超过2次。皮肤有破损者、敏感性皮肤应谨慎使用
	泥状面膜	能通过撕拉的方式将毛孔中的污垢、皮屑去除	含有具有去除油脂、减少毛孔堵塞的作用	适合油性皮肤。建议1个月使用不超过2次。皮肤有破损者（破皮的痘痘）、敏感性皮肤应谨慎使用
水洗/免洗面膜		可呈现凝胶/乳液/霜的质地（保湿性依次递增），将它们涂抹到面部，数分钟后再洗掉，免洗型面膜可停留过夜	这类面膜的主体成分类似于凝胶/乳霜，不同的是它们添加了更高比例的成膜剂（尤其是水洗面膜，添加的成膜剂更多），能更好地阻止皮肤水分的蒸发，使保湿成分更多地被皮肤吸收。起到保湿、软化皮肤的作用	适合干性皮肤，敏感性皮肤、油性皮肤应慎用

77

吸收力更好，再加上沐浴后皮肤处于温热、湿润的状态，这时候敷面膜能起到事半功倍的效果，更容易被皮肤吸收。

（4）敷完面膜后可使用清水清洗，视皮肤干燥情况、其他护肤需求，选择后续的精华/乳液/面霜等护肤品。

（三）面膜Q&A

1. 可以每天敷面膜吗

能不能每天敷面膜，需要视情况而定。首先要辨明面膜本身是否含有大量刺激、致敏的成分；其次要根据个体皮肤的耐受差异来选择。

如果本身皮肤不敏感，且使用的面膜成分精简，不含容易刺激、致敏的成分，短时间内每天使用面膜是没有问题的，但每次使用时间不宜过长。

2. 可以自己DIY（自制）面膜吗

各类果蔬、维生素E、维生素C等，是大家最热衷的DIY原料，它们有用吗？它们当中确实含有对皮肤有好处的成分，但安全隐患也很高，无论是皮肤科医生或化妆品配方师都会阻止你这么做。

其一，这些原料虽然天然，但本身成分非常复杂，含有容易引起皮肤敏感、刺激的成分；其二，这些天然原料中的有效成分，一方面浓度不足够，另一方面没有其他辅助成分

的配合，很难被皮肤吸收，
需要被进一步提纯、加工后
才能使用。

　　因此，自己DIY面膜（图
2-22），是一个风险大于收
益的事情。

图 2-22　DIY 面膜

3. 除了保湿，面膜还能美白、抗衰老吗

　　添加了美白、抗衰老成分的面膜，确实具有对应的功
效，但它们能达到的实际功效比较有限。

　　另外，如果使用了具有同一功效的多类护肤品，如同时
使用美白精华、美白面霜、美白面膜，应注意它们是否存在
同一高浓度活性成分，如使用过多的活性成分，会增加潜在
的皮肤刺激性风险。

　　常见的刺激性的成分有：高浓度的烟酰胺、水杨酸、
果酸、维生素C、维生素A，大家应注意，如果同时使用含
有这些成分的护肤品，且添加浓度较高时，会增加皮肤的
刺激性。

4. 医美面膜真的更好吗

　　"医美护肤品"这个名称事实上并不规范。它的诞生，
源于医美术后或皮肤存在创伤时，需要使用具有良好的皮肤
修复作用且低敏安全的护肤品。

医美护肤品一开始多指"械字号"的产品，这类面膜皮肤修复力好，且成分精简、致敏性低，因此非常适合微创医美术后、敏感性皮肤使用。

当然，如今的医美面膜已经不单指"械字号"的护肤品了，而是代指具有医疗背书，与医院、皮肤科专家合作的品牌，对于这类面膜，大家可根据自己的使用偏好来选择。

第三节

防晒化妆品

一、防晒化妆品的作用

在太阳光中，主要对皮肤有害的是UVA、UVB，而防晒化妆品能够吸收、反射、散射太阳光的紫外辐射（UV），从而起到防止、减少紫外线照射带来的皮肤伤害（图2-23）。

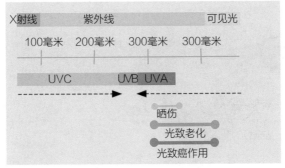

图 2-23　紫外线对皮肤的伤害

同时，防晒化妆品中还可以协同添加一些抗氧化、抗炎成分，缓解紫外线带来的氧化、炎症反应等皮肤损伤反应。

二、防晒化妆品的分类、使用人群

1. 按照"防晒原理"的不同分类

可将防晒剂分为紫外线屏蔽剂（物理防晒剂，表2-11）、紫外线吸收剂（化学防晒剂，表2-12）。

表2-11　紫外线屏蔽剂

防晒原理	代表成分	代表产品
物理防晒，将他们涂抹在皮肤后，会在皮肤表面形成一层"反光"的紫外线防护层，通过反射、散射UV，从而发挥防晒的作用 	氧化锌、二氧化钛	物理防晒剂

（续表）

防晒原理	代表成分	代表产品
优点：能覆盖大部分波段的UVA、UVB；几乎不会被皮肤吸收，皮肤致敏性、刺激性低，安全性高。 **缺点**：需要大量使用，才具有不错的防晒效果；大颗粒的物理防晒剂会呈现"泛白"的质感，但目前已经有超细颗粒的物理防晒剂，能很好地避免这一问题		

表2-12 紫外线吸收剂

防晒原理	代表成分	代表防晒产品
化学防晒，能吸收光线中具有伤害的UVA、UVB，并使之转化为无害的物质，从而达到防晒的作用 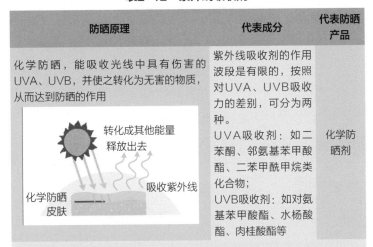	紫外线吸收剂的作用波段是有限的，按照对UVA、UVB吸收力的差别，可分为两种。 UVA吸收剂：如二苯酮、邻氨基苯甲酸酯、二苯甲酰甲烷类化合物； UVB吸收剂：如对氨基苯甲酸酯、水杨酸酯、肉桂酸酯等	化学防晒剂
优点：通常价格便宜；颜色透明，不会有皮肤泛白的表现。 **缺点**：由于会被皮肤吸收，部分成分存在一定的光敏性，有潜在的致敏风险		

　　此外，一些植物提取成分也被发现具有防紫外线的能力，如芦荟、水飞蓟、黄芩、芦丁、沙棘、扇贝多肽、人参、绿茶等，但它们还有一定的进步空间，更多地被作为防晒化妆品的辅助添加成分。

无论是物理防晒还是化学防晒，单独使用一种防晒剂，其防晒能力都是有限的，因此，市面上大部分防晒产品会同时使用紫外线屏蔽剂、紫外线吸收剂，即物理防晒+化学防晒，多属于混合性防晒产品，它能综合两者的优点，防晒效果好，因此适合大部分皮肤使用。

2. 按照剂型的不同分类

可将常见的防晒产品分为防晒喷雾、防晒凝胶、防晒乳/霜。总体而言，防晒乳/霜仍然是目前的主流剂型（表2-13）。

表2-13 防晒产品分类

分类	防晒喷雾	防晒凝胶	防晒乳/霜
简介	近几年大火的防晒剂。可分为以下两类：①防晒喷雾多以乙醇为主溶剂，需大量的酒精作为溶剂；②液化气为推进剂的气雾罐产品，常见推进剂如丁烷、异丁烷；	水溶性凝胶质地的防晒剂，使用了能使外观呈现凝胶质地的聚合物为基质，通常需要添加较多的表面活性剂作为溶剂。	以乳/霜为基质的防晒产品，是目前使用最多的防晒品类型。
优点	使用方便，容易涂抹均匀，适合用于防晒的补涂。	质地清爽，不油腻。	所有的防晒成分均可添加进去，可做成高SPF值的防晒产品。
缺点	喷雾通常以使用紫外线吸收剂（化学防晒）为主，大部分还会添加较多的酒精，不适合敏感性皮肤使用。	凝胶剂型的防水、防汗性差，且添加的表面活性剂多，刺激性也较大。	肤感油腻，能在皮肤表面形成保护膜；还能制作成抗水性产品。

三、防晒化妆品的选择技巧

1. 根据防晒化妆品的SPF、PA值，判断其防晒能力

（1）SPF值代表防晒剂防止皮肤被晒红的能力，是选择防晒产品时最基本的要素（表2-14）。

表2-14　不同SPF值的防晒能力

SPF值	SPF 2	SPF 20	SPF 50（即SPF30+）
防晒能力	防晒制品吸收50%的UV辐射，提供最低的防护作用，可晒黑	防晒制品吸收95%的UV辐射，提供十分高的防晒作用，不会晒黑	防晒制品吸收98%的UV辐射，提供最高的防晒作用，不会晒黑，防晒时间更长

另外，一些观点将SPF值等同于防晒时间，并给出了每个SPF值对应的防晒时长。事实上，每个人皮肤的"抗晒能力"（被晒红需要的时长）是不一样的，因此，同一SPF值的防晒剂，对不同的人而言，其防晒效果是不一样的。总的来说，皮肤容易晒红的人，选择SPF值更大的防晒剂会更好。

（2）PA值是防晒剂防护UVA的能力，即防止皮肤晒黑、晒老，是日本、欧洲国家使用的防UVA系统，通常分为PA+/PA++/PA+++三个等级，"+"号越多，则对UVA的防护能力越强。

当然，并不是没标注PA的防晒剂就没有防护UVA的能力

（我们国家并没有强制标注），实际上，大部分搭配合理的防晒剂，对UVA、UVB都具有防护作用。

2. 根据皮肤选择防晒产品

对大部分正常皮肤而言，同时添加有紫外线屏蔽剂、紫外线吸收剂的混合性防晒产品是更好的选择，它们具有更好的UV防护能力。

而对于敏感性皮肤，或皮肤存在破损伤口的痘肌而言，只使用紫外线屏蔽剂的物理性防晒产品会更好，它们不容易被皮肤吸收，对皮肤的伤害更小。

3. 出汗多的夏季、度假、户外运动时，选用防水的防晒产品

水或汗液的浸洗会冲走部分防晒剂，使其防晒效果大打折扣，而抗水的防晒霜同样具有抗汗的作用，因此，在出汗多的夏季、外出旅游、户外运动时，不妨选择具有防水功效的防晒霜。

四、防晒化妆品Q&A

1. 是不是防晒指数（SPF）越高的防晒化妆品越好

SPF高确实表示防晒产品的防护UV的能力更好，但这也

意味着添加的防晒剂更多，对皮
肤的刺激性更大，因此，对敏感
性皮肤而言，不应该盲目追求高
SPF的防晒化妆品。

对非敏感性皮肤而言，使用
SPF30左右的防晒产品（再次外
出时可补涂），再配合防晒霜、
帽子等进行物理遮盖，可以满足
日常的防晒需求（图2-24）。

图 2-24　物理防晒用具

2. 用完防晒霜去暴晒，就不会晒黑了吗

防晒霜并不能防护全波段的UV，防晒霜虽然能抵御住大
部分UV，但总有一些"漏网之鱼"。因此，为了减少日晒带
来的皮肤伤害，大家应避免长时间暴晒，如果不能避免暴
晒，可配合打伞、戴帽子、墨镜等物理遮盖的方法，并使用
高SPF值，且具有防水功效的防晒霜，并及时进行补涂。

皮肤分类及保养

对每一类型的皮肤而言，清洁、保湿、防晒都是基础而必要的，当然，也有一些类型的皮肤，需要使用具有特定功效的护肤品，以达到修复、祛斑美白、控油、祛痘、抗皱等作用。

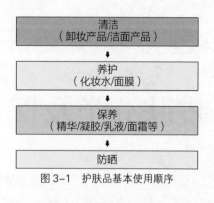

图3-1　护肤品基本使用顺序

护肤品的基本使用顺序是类似的，主要包括：清洁（卸妆产品/洁面产品）→养护（化妆水/面膜）→保养（精华/凝胶/乳液/面霜等）→防晒（图3-1）。

虽然基础的护肤步骤是类似的，但皮肤类型、护肤需求的不同，决定了个体之间的护肤方法也会有所差异。

另外，我们的皮肤还会受到季节、生活环境、年龄、化妆等因素的影响，需要根据变化的皮肤状态进行灵活的调理。如年龄越大皮肤越干，皮肤的衰老现象也越发明显，我们会倾向于保湿抗衰老功效的面霜；而在秋冬的干燥季节，皮肤尤其需要保湿补水；当处于闷热的地区时，皮肤更容易出油、长痘。可见，护肤并不是一成不变的，需要根据皮肤状况的变化来灵活调整。

第一节

干性皮肤

一、什么是干性皮肤

　　干性皮肤的外观看起来干燥、缺乏光泽，容易合并有肤色晦暗、质地粗糙的皮肤问题。相对于油性皮肤，干性皮肤更容易出现色斑、衰老等皮肤问题。

　　严重的干性皮肤可表现为全身皮肤干燥、脱皮，甚至出现皮肤的开裂，常伴随瘙痒、疼痛等不适的感觉（图3-2）。

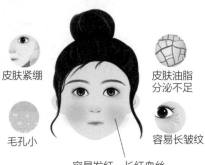

皮肤紧绷

皮肤油脂分泌不足

毛孔小

容易长皱纹

容易发红，长红血丝

图3-2　干性皮肤

二、干性皮肤的形成因素

干性皮肤多由皮脂分泌过少导致，通常皮肤的"保水"能力差，角质层含水量偏低。常见的形成因素如下。

（1）遗传因素。基因表达异常，可导致皮肤呈现干燥的状态，如一种叫鱼鳞病的皮肤疾病。

（2）环境因素。如长期处于寒冷、干燥，或干热的环境下，长时间暴露在阳光下，都会导致皮肤水分的流失。另外，长时间待在中央供暖、空调等环境下，又不注意室内的加湿，同样会导致皮肤干燥。

（3）清洁过度。如使用过于频繁、强力的皮肤清洁方式，会增加皮肤水分的流失。

（4）衰老。皮肤变得干燥是皮肤衰老的表现。随着衰老的发生，皮肤内的天然保湿因子等物质会减少，再加上皮脂分泌功能的减弱，皮肤干燥的问题会更明显。

图 3-3 使用维 A 酸后干燥的皮肤
（图片来源于中山大学附属第五医院马寒）

（5）雌激素。女性绝经后，雌激素会出现

大幅降低，导致皮肤天然保湿因子、多糖等保水性成分的改变，导致皮肤的干燥情况加重。

（6）药物影响。维A酸、降胆固醇药、西咪替丁等药物，也会导致皮肤干燥。

三、干性皮肤的调理建议

（一）保护珍贵的皮脂

对干性皮肤而言，皮肤表面油脂的缺乏是一个很突出的问题。为了减少皮脂的流失，一方面，应减少会导致皮脂损失的行为（如过度的清洁）；另一方面，应帮助皮肤油脂的生成（如使用护肤品，补充营养元素）。

（二）护肤技巧

对干性皮肤的护肤而言，应避免过度的清洁，并注意保湿成分的补充（表3-1）。

表3-1 干性皮肤护肤技巧

步骤	时间	
	早上	晚上
第一步	用清水洗脸	卸妆乳卸妆（化妆时可选）/洗面乳洗脸（可选）
第二步	使用保湿、平衡水（可选）	使用保湿、平衡水（可选）
第三步	使用修复、保湿、美白抗氧化等功能的精华（可选）	使用修复、保湿、美白抗氧化等功能的精华（可选）
第四步	使用乳液、面霜（必须） 使用混合性防晒霜（必须）	使用乳液、面霜（必须）
其他	每周使用3次左右的贴片式面膜，每次使用时间15分钟左右（可选）	

注：可选择具有抗衰老功能的面霜。

对干性皮肤而言，使用乳/霜类的产品进行皮肤的保湿是必要的，同时，由于干性皮肤还容易出现色斑、衰老等问题，可预防性、针对性的使用相应的功效性护肤品。

（三）护肤成分推荐（表3-2）

表3-2 不同功效的护肤成分

功效	成分
保湿、滋润功效的护肤成分	封闭型保湿剂（如凡士林、羊毛脂）、丙二醇、甘油、脂肪酸、泛酸、胆固醇、神经酰胺、尿囊素、角鲨烯等
美白、抗氧化功效的护肤成分	维生素E、维生素C、熊果苷、SOD（抗氧化物歧化酶）、烟酰胺等
抗衰老功效的护肤成分	视黄醇、多肽（如棕榈酰五肽-4、棕榈酰三肽-1、棕榈酰四肽-7）、HA丁酸钠及其衍生物（如HA丁酸酯）、矿物盐（如锌、镁、铜）等

（四）干性皮肤的生活、饮食建议

干燥的环境会造成角质层含水量的减少，可通过使用加湿器，让室内保持较高的湿度（相对湿度在40%~60%之间），减少皮肤水分的丢失。同时，在寒凉、干燥、多风的秋冬季节，可通过戴口罩、帽子等遮挡的方式，减少皮肤水分的丢失。

在饮食调理方面，干性皮肤应注意以下几点。

1. 少吃这些食物

辛辣、香燥的食物，如火锅、烧烤等，会加重皮肤的干燥情况，应尽量少吃。

2. 适当多吃这些食物

对干性皮肤而言，饮食营养的均衡是很重要的，尤其是长期低脂、无脂的饮食，会让皮肤变得很干燥。

另外，增加以下食物的摄入，对缓解皮肤干燥有一定的好处（表3-3）。

表3-3　推荐摄入的食物与好处

食物	好处
含有矿物质的水	能帮助增加皮肤角质层的含水量
适当摄入油脂，如植物油，食用榛子、松子、胡桃、核桃等坚果，及深海鱼	含丰富的亚油酸，是皮肤的必需脂肪酸，能帮助滋润皮肤

（续表）

食物	好处
富含维生素A的食物，如鱼肝油、蛋黄、鱼类、西红柿、胡萝卜、柑橘等	缺乏维生素A会导致皮肤、毛发变得干燥，可同时合并毛周角化症（鸡皮肤）
富含维生素D的食物，如牛乳、蛋黄、金枪鱼、酵母、香菇、麦角等	维生素D除了能帮助补钙，还能促进毛发生长、皮肤含水量的正常
富含生物素（维生素H）的食物，如动物内脏、蛋黄、花生等	能防止皮肤干燥脱屑及皱纹的过早形成
蛋、奶、肉、鱼、大豆等富含优质蛋白的食物	对皮肤而言，缺乏蛋白质会导致营养不良，出现皮肤干燥、裂口，头发枯黄，因此，补充优质蛋白同样是很重要的

第二节

油性皮肤

一、什么是油性皮肤建议

油性皮肤多见于20～40岁的中青年。通常，油性皮肤看起来富有光泽，甚至会呈现出"油腻"的感觉。

相对于干性皮肤，油性皮肤不那么容易衰老。但油性皮肤通常毛孔更粗大，容易有黑头、粉刺、痤疮等皮肤问题（图3-4）。

易长闭口、 角质层厚、 油脂
痘痘   毛孔粗大   分泌多

图 3-4　油性皮肤

二、油性皮肤的形成因素

油性皮肤的出现主要跟皮脂腺功能亢进，皮脂分泌过多有关（图3-5）。

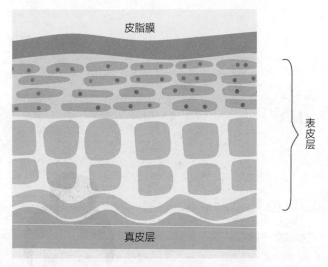

图 3-5　皮肤层次

影响皮脂分泌的因素很复杂，列举如下。

（1）年龄、性别。通常青少年男性的皮脂分泌更旺盛。

（2）雄激素水平增高。这不仅见于男性，女性也可以出现雄激素水平相对/绝对的升高。

（3）温度和湿度也会影响皮脂量，当皮肤处于潮湿、闷热的环境下，会分泌更多的油脂。

（4）过多的糖、淀粉类食物会导致皮脂分泌的增多。

三、油性皮肤的调理建议

（一）适度清洁，避免过度的油脂

1. 油性皮肤的清洁

对油性皮肤而言，清洁是重要的，但油性皮肤也容易过度清洁，造成皮肤屏障功能的损伤。

（1）使用去脂能力很强的洁面（通常以皂基、硫酸盐表面活性剂为主）。虽然短时间会让你感觉自己的皮肤特别"干净清爽"，但长时间使用，对皮肤的伤害是不可避免的。

（2）使用洗脸仪洁面。超细的柔软刷头＋超声振动是大部分洗脸仪的特色，但刷头本身并不可能"深入毛孔"，而高频的振动会增加洗脸仪的物理摩擦力，对皮肤屏障造成一定的损伤。

油性皮肤适合的清洁方法：使用起泡丰富，含有水杨酸等控油成分，且以氨基酸表面活性剂为主的洁面产品更适合。

2. 护肤品的选择

收敛化妆水（以下简称"收敛水"）、清爽的乳液、凝胶制品是油性皮肤的首选。乳液可在秋冬季节，以及感觉皮肤干燥时少量使用；在出油多的夏季，如果不感觉皮肤干燥，可以直接使用功效性的精华或凝胶。

（二）护肤技巧

对油性皮肤而言，清洁时应做到既能去除掉过多的油脂，又不造成皮肤的脱水。而皮肤的保养应做到保湿而不滋腻（表3-4）。

表3-4 油性皮肤的护肤技巧

步骤	时间	
	早上	晚上
第一步	洗面乳洗脸（必须）	卸妆（化妆时可选）/洗面乳洗脸（必须）
第二步	使用收敛水（可选）	使用收敛水（可选）
第三步	使用控油、祛痘、美白、抗氧化等功能的精华（可选）	使用控油、祛痘、美白、抗氧化等功能的精华（可选）
第四步	使用凝胶/乳液（视皮肤出油状况选择）使用混合性防晒霜（必须）	使用凝胶/乳液（视皮肤出油状况选择）
其他	视皮肤情况，每周使用1~2次的贴片式面膜，每次使用时间15分钟左右（可选）	

注：夏季出油多时，可直接使用功效性的精华；冬季皮肤干燥时，最好使用乳液。

（三）护肤成分推荐（表3-5）

表3-5　不同护肤成分及功效

成分	功效
水杨酸	油溶性的角质剥脱剂，具有控油、疏通毛孔、消炎的作用
果酸	包括乙醇酸、杏仁酸、乳糖酸，同属于角质剥脱剂，与水杨酸的作用类似，但控油能力稍弱
PCA锌（吡咯烷酮羧酸锌）	控油成分，还具有抑制细菌、保湿的作用
烟酰胺	能抑制油脂分泌，此外，还具有修复皮肤屏障、美白、抗氧化的作用
视黄醇	维生素A衍生物，能减少皮脂的分泌，同时具有抗衰老作用
壬二酸	改善表皮角化、消炎杀菌
部分植物提取物	如茶树油、金缕梅、番木瓜提取物
高岭土、膨润土、微细化聚酰胺粉	具有吸油的功效

（四）需避免的护肤成分

含油量过高的化妆品会加重皮脂堵塞的情况，一般而言，"霜剂"质地的护肤品含油量更高，油性皮肤应尽量避免使用这类化妆品。一般成分表前3~5位的成分里，标注有润滑剂（如硬脂酸辛酯、异鲸蜡醇硬脂酸酯）、强保湿剂（如矿油、矿脂、芝麻油、可可脂）、蜡类（如羊毛脂），则属于"过油"的护肤品，油性皮肤不建议使用。

（五）生活饮食建议

防晒能帮助减少皮肤油脂的分泌。同时应注意作息规律、不熬夜（熬夜会影响内分泌，增加皮脂分泌）。饮食方面的建议如下。

图3-6　火锅

1. 少吃的食物

研究表明，油性皮肤与辛辣、甜食、淀粉的摄入有关，另外，还应限制摄入动物类的脂肪（如肥肉、猪油）（图3-6至图3-8）。

图3-7　肥肉

2. 适当多吃的食物

豆类食物，含有异黄酮类物质，具有拮抗雄激素的作用。

富含维生素A的食物，如肝脏、胡萝卜、黄色水果、蛋、牛奶、鱼肝油等。

富含锌元素的食物，如牡蛎、扇贝、红色的肉类、内脏、小麦胚芽等。

图3-8　冰激凌

第三节

混合性皮肤

混合性皮肤是一种很常见的皮肤类型，它的出现与我们皮脂腺的生理分布特征一致。

通常来讲，面部T区（眉间、鼻翼、前额）的皮脂腺分布密度更高，容易分泌更多的皮脂，可能会出现局部皮肤多油、毛孔粗大、长痘的情况。而面部的其他部位，则属于皮脂分泌相对更少的区域，这些部位的皮肤更容易显得相对干燥。

一、什么是混合性皮肤

混合性皮肤可表现为T区偏油、两颊皮肤正常（俗称"混油皮"），也可表现为T区出油不多、但两颊皮肤偏干（俗称"混干皮"）。

　　当然，也有一部分人会在湿热的夏季出现T区偏油，在干燥寒冷的冬季出现两颊偏干，这类人也属于混合性皮肤（图3-9）。

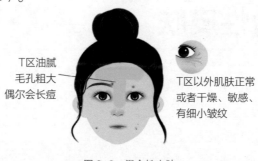

T区油腻
毛孔粗大
偶尔会长痘

T区以外肌肤正常
或者干燥、敏感、
有细小皱纹

图 3-9　混合性皮肤

二、潜在的皮肤问题

　　对混合性皮肤而言，T区容易出现毛孔粗大、黑头、粉刺、痘痘等皮肤问题，而两颊皮肤则显得相对干燥，甚至会出现脱皮的现象。

三、混合性皮肤的调理建议

（一）护肤技巧

　　对混合性皮肤而言，宜采取灵活的皮肤护理方法。对出油多的局部皮肤，应重视清洁；对干燥的局部皮肤，则应重视保湿（表3-6）。

表3-6　混合性皮肤的护肤技巧

步骤	时间	
	早上	晚上
第一步	洁面乳洗脸（必须） 备注：着重清洗出油多的区域	卸妆（化妆时可选）/洁面乳洗脸（必须） 备注：着重清洗出油多的区域
第二步	使用保湿/平衡水（可选其一）	使用保湿/平衡水（可选其一）
第三步	使用控油（可用于出油多的局部皮肤）、美白、抗氧化等功能的精华（可选）	使用控油（可用于出油多的局部皮肤）、美白、抗氧化等功能的精华（可选）
第四步	使用凝胶/乳液（必选其一） 备注：在皮肤出油多的区域可减少保湿乳的用量 使用混合性防晒霜（必须）	使用凝胶/乳液（必选其一） 备注：在皮肤出油多的区域可减少保湿乳的用量
其他	视皮肤情况，每周使用3次左右贴片式面膜，每次使用时间15分钟左右（可选）	

（二）护肤成分推荐（表3-7）

表3-7　不同功效的成分推荐

功效	成分
清爽的保湿成分	脂肪酸、胆固醇、神经酰胺、尿囊素、角鲨烯

（续表）

功效	成分
美白、抗氧化、抗衰老成分	维生素E、维生素C、熊果苷、SOD（抗氧化物歧化酶）、烟酰胺、维A醇、壬二酸等
控油、细腻肤质的成分	果酸（乙醇酸、乳糖酸、杏仁酸）、水杨酸

（三）混合性皮肤的生活、饮食调理

相较于干性、油性皮肤，混合性皮肤的皮肤问题相对较少，但也有可能同时出现干性皮肤问题和油性皮肤问题，所以应当更积极地预防皮肤问题的出现。

对混合性皮肤而言，应注意的问题如下。

（1）平时多喝水，食物以谷类为主，多吃蔬菜、水果、奶、大豆，适量吃鱼、禽、蛋、猪瘦肉，保证食物的多样性（见图3-10、表3-8）。

图3-10　建议摄入的主要食品

表3-8　建议摄入的主要食物品类（种）数

食物类别	平均每天品类数	每周至少品种数
谷类、薯类、杂豆类	3	5
蔬菜水果类	4	10
畜、禽、鱼、蛋类	3	5
奶、大豆、坚果类	2	5
合计	12	25

（2）饮食要少油、少盐、少糖（每天不超过50克），减少饮酒（每天最大饮酒量男性不超过25克，女性不超过15克）。

（3）坚持有氧运动，保持健康的体重（图3-11）。

图3-11　有氧运动

敏感性皮肤

据2011年中国皮肤科医师协会的调查显示，在中国，约有30%的男性表示自己存在皮肤敏感的情况，约有46%的女性表示自己存在皮肤敏感的情况（图3-12）。

现代女性过度的护肤行为、快节奏的生活、没有节制的熬夜行为，会导致皮肤功能的失调，皮肤屏障功能破坏。这些不良的生活行为，让敏感性皮肤正在变得越来越常见。

一、什么是敏感性皮肤

敏感性皮肤更多地被视为一种亚健康状态的皮肤，如果你有以下的情况，需要警惕自己皮肤的健康情况。

（1）护肤品不耐受。即正规的、大部分人用着不错的

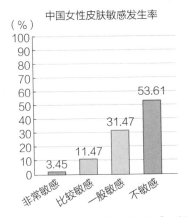

中国女性皮肤敏感发生率

约有46%的女性对象表示有"一般敏感、比较敏感或非常敏感"的皮肤,其中11.47%的女性表示"比较敏感",3.45%则表示"非常敏感"(P<0.000 1)

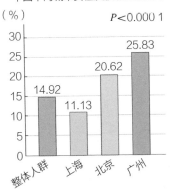

中国不同城市女性皮肤敏感发生率

上海、北京、广州女性居民中皮肤比较或者非常敏感的比例分别为11.13%、20.62%和25.83%(差别有统计学意义,P<0.000 1)

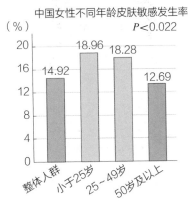

中国女性不同年龄皮肤敏感发生率

敏感性皮肤不同年龄层人群中比例有显著差异(P<0.000 1),25岁以下人群中18.96%皮肤"比较或非常敏感",25至49岁女性中比例为18.28%,而50或以上则为12.69%

图3-12 中国女性敏感性皮肤流行病调查报告(5 893名女性)

护肤品，使用后会感到不舒服，感觉皮肤发烫、刺痛、瘙痒、紧绷感，这种感觉通常持续数分钟、数小时、数天。

（2）除了使用化妆品，在情绪激动、运动、天热出汗时，这种皮肤不适的感觉也会出现或加重。

（3）皮肤外观看起来基本正常，但偶尔会出现脸颊皮肤泛红，可能会伴有皮肤血管丝明显。

（4）一些人还会出现皮肤干燥、起皮，甚至起红疹的情况（图3-13）。

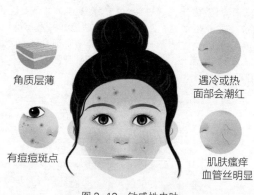

角质层薄

遇冷或热
面部会潮红

有痘痘斑点

肌肤瘙痒
血管丝明显

图3-13　敏感性皮肤

应当注意的是，如果敏感性皮肤进一步发展，可能会演变为玫瑰痤疮，这是一种与皮肤屏障功能受损相关的皮肤疾病。表现为皮肤干燥，面中部出现红斑、血管丝，伴有阵发性的潮红、灼热、刺痛感，甚至出现小红疹、脓疱，最终演变为鼻部的肥大增生。应及时寻求皮肤科医生的帮助。

二、敏感性皮肤的形成因素

敏感性皮肤的出现，是内、外因素共同作用的结果。

从内在原因来看，敏感性皮肤可能是先天遗传的过敏体质，如父母患有特应性皮炎、湿疹、哮喘、花粉症、过敏性鼻炎等过敏性疾病。

敏感性皮肤也可以是后天"作出来"的，如以下几种情况。

（1）过度的清洁行为，如长时间、大量的使用含皂基洁面产品、含酒精的护肤品，或频繁地使用磨砂膏、洁面仪、黑头仪等。

（2）长时间、大量使用超出自己皮肤耐受的高浓度的功效性成分。这种情况并不存在于每一个人，但对于本身皮肤耐受力就差的女性，如果还使用高浓度的功效成分，会对皮肤产生一定的刺激。

（3）过于频繁的医美行为，如激光、光子、Thermage（热玛吉）、"水光针""刷酸""小气泡"等，医美行为不能过于频繁，需要根据自己皮肤的耐受力决定治疗间隔时间（一般需间隔1个月）。

（4）使用了含激素的外用成分。一些女性出现皮肤泛红、瘙痒后，会网上购买号称"纯植物"护肤品，它们通

常能在短时间内发挥很好的
效果，但对于娇嫩的面部皮
肤，长期使用它们，会导致
皮肤屏障功能下降、皮肤变
薄、血管扩张，以及微生物
环境的失调、皮肤容易出现
感染。

图3-14　VISA镜下的皮肤炎症和毛
细血管扩张
（图片来源于中山大学附属第五医院
刘婷）

（5）皮肤疾病导致的屏障功能下降。如痤疮、脂溢性
皮炎、玫瑰痤疮、特应性皮炎等皮肤疾病，本身就伴随有皮肤
屏障功能的下降，当然，这部分皮肤疾病需要专科医生去解决
（图3-14）。

皮肤屏障功能的不足，会导致皮肤对内在物质的保护能力
变差，一旦遇到外在因素的刺激，如护肤品、辛辣食物、高温
环境、出汗、情绪激动等，就会导致皮肤神经末梢反应亢奋、
免疫反应增强，皮肤就会出现一系列敏感、刺激的表现。

三、敏感性皮肤的调理建议

（一）保护皮肤屏障功能

对敏感性皮肤而言，避免对皮肤屏障功能的"二次伤害"，是提高皮肤对外界环境的抵御力的关键。

（1）尽量少化妆，减少对皮肤的不良刺激。

（2）停止过度清洁、去角质、每天敷面膜等过度护肤行为，防腐剂、香料、乳化剂都有致敏的可能，尽量简化自己的护肤产品、护肤程序，减少皮肤接触更多的致敏成分的概率。

（3）把皮肤的保湿、修复放在第一位，暂时不使用美白、抗衰老、祛痘等具有特定功效的护肤品。

（4）注意防晒，日晒会加重皮肤敏感的症状，防晒措施尽量以物理防护为主，如待在室内、打伞、戴帽子等，防晒霜选择纯物理防晒霜。

（二）护肤技巧

护肤时应注意，洁面手法要轻柔，尽量减少不必要的护肤步骤（表3-9）。

表3-9　敏感性皮肤的护肤技巧

步骤	时间	
	早上	晚上
第一步	用清水洗脸	洁面乳洗脸
第二步	具有修复、抗炎功能的精华（必选）	具有修复、抗炎功能的精华（必选）

（续表）

步骤	时间	
	早上	晚上
第三步	视皮肤干燥情况，选择使用乳液/面霜（必须）	视皮肤干燥情况，选择使用乳液/面霜（必须）
第四步	使用纯物理防晒霜（必须）	
其他	视皮肤情况，可每周使用1~2次的贴片式面膜，每次使用时间＜10分钟（可选）	

注：如有需要，可使用具有舒缓功能的矿泉水喷雾。

（三）护肤成分推荐

1. 具有保湿、修复功效的护肤成分（表3-10）

表3-10　具有保湿、修复功效的护肤成分介绍

成分	介绍
脂肪酸、胆固醇、神经酰胺	它们是皮肤的天然脂质成分（皮肤屏障的生理性脂质），具有很好的修复作用。 其中神经酰胺尤其多用于修复类的护肤品，它在护肤品中的别名还有：N-棕榈酰羟基脯氨酸鲸蜡酯、鲸蜡基-PG羟乙基棕榈酰胺、羟丙基双棕榈酰胺 MEA等
泛醇（维生素原B_5）	保湿、促进伤口愈合，能帮助皮肤脂质、蛋白质的合成
尿囊素、角鲨烯	具有良好的润肤、修复功能
烟酰胺、维生素C、熊果苷	除了美白作用，它们还能协助神经酰胺的合成，起到修复皮肤屏障的作用，但添加浓度不能过高，否则会增加对皮肤的刺激性
MC-葡聚糖（羧甲基酵母葡聚糖）	增强皮肤免疫力，抗炎、修复、增加皮肤弹性的功能

2. 植物护肤成分的选择

植物成分一直是护肤界的"热门选手",它们通常被认为是"天然无公害"的成分,但事实上,不同植物的提取成分的功效,是完全不一样的。

一部分植物提取物确实具有镇静、消炎的作用,如马齿苋、仙人掌、银杏叶、黄芩、芦荟提取物,以及红没药醇。

而一部分植物提取物,如秘鲁香脂、茶树油等,可能会增加皮肤过敏的风险,如果配方中含有大量植物提取物的护肤品,潜在的致敏概率会更高。据NACDG(北美接触性皮炎组)2017年的统计显示,秘鲁香脂是排名第三的护肤品过敏原。

3. 应警惕的护肤成分

香料和防腐剂,是护肤品中最容易引起过敏的物质,敏感性皮肤尤其要注意尽量避开它们。

1)防腐剂

护肤品里面的营养成分(如油脂、蛋白、水等)除了被我们的皮肤喜欢,细菌也同样喜欢。防腐剂的使用意义,在于抑制这类有害微生物的滋长,对护肤品而言,防腐剂是一种必要的成分。

事实上,我们没必要一听到防腐剂就恐慌。皮肤本身是具有屏障、修复能力的,因此,对大部分正常皮肤而言,是能够耐受的，护肤品为皮肤带来的好处，远胜于其中极少量防腐剂的坏处。

如果你本身是耐受力较低的敏感性皮肤，要格外地注意容易致敏的防腐剂，它们很可能会加剧皮肤的敏感情况。

当然，并不是每一种防腐剂都对我们的皮肤有害，我们也很难避开所有的防腐剂，对敏感性皮肤而言，尤其需要注意避开刺激性大、容易致敏的防腐成分。如：①以季铵盐-15、DMDM乙内酰脲、咪唑烷基脲、双（羟甲基）咪唑烷基脲为代表的甲醛和甲醛释放体（带有"脲"字的），其中，前两个防腐成分已被我国化妆品卫生规范（2015版）列为化妆品禁用成分；②甲基异噻唑啉酮、甲基氯异噻唑啉酮、卡松（前两者的混合物）等为代表的异噻唑啉酮类防腐剂。以下为常见防腐剂的致敏指数，敏感性皮肤人群可选择使用低致敏防腐剂的产品（表3-11）。

表3-11　一些常用防腐剂的致敏作用指数

防腐剂	致敏作用指数/%
甲基氯异噻唑啉酮/甲基异噻唑啉酮	1.0~8.3
甲基二溴戊二腈	3.5
甲醛	2.2
羟苯酯类	1.6

（续表）

防腐剂	致敏作用指数/%
双（羟甲苯）咪唑烷基脲	1.3
5-溴-5硝基-1,3-二恶烷/丙二醇	1.2
咪唑烷基脲	0.6
季铵盐-15	0.6
DMDM乙内酰脲	0.3
碘丙炔醇丁基氨甲酸酯	0.3

2）香料

香料同样是很常见的化妆品过敏原，通常存在于各类带有香味的护肤品中。敏感性皮肤应尽量选择不含有香精的护肤品，即产品成分表标注不含香料/香精/Fragrance，或注明自己是Fragrance Free或者Non-Fragrance者（表3-12）。

表3-12　欧盟规定的26种化妆品香料过敏原名单（供参考）

Amyl Cinnamal 戊基肉桂醛	Benzyl Alcohol 苯甲醇	Cinnamyl Alcohol 肉桂醇
Citral 柠檬醛	Eugenol 丁香油酚	Hydroxycitronellal 羟基香茅醛
Isoeugenol 异丁子香酚	Amyl Cinnamal Alcohol 戊基桂醛	Benzyl Salicylate 水杨酸苄酯
Cinnamal 肉桂醛	Coumarin 香豆素	Geraniol 香叶醇

（续表）

Hydroxyisohexyl-3-Cyclohexene Carboxaldehyde 新铃芝醛	Anise Alcohol 大茴香醇	Benzyl Innamate 肉桂酸苄酯
Farnesol 法尼醇	Butylphenyl Methypropional 铃芝醛	Linalool 芳樟醇
Benzyl Benzoate 苯甲酸苄酯	Citronellol 香茅醇	Hexyl Cinnamal 己基肉桂醛
Limonene 柠檬烯	Mehtyl 2-Octynoate 2-辛炔酸甲酯	Alpha-Isomethyl Ionone 异甲基紫罗兰酮
Evernia Prunastri 栎扁枝衣提取物	Evermia Furfuracea 树苔提取物	

3）其他

除了以上的护肤成分，具有刺激性的表面活性剂（皂基、SLS/SLES）和APG（烷基多糖苷、烷基葡萄糖苷）被标榜很温和，但同样可能会导致过敏的表面活性剂。染发膏中的对苯二胺也是常见的过敏原。因此，敏感性皮肤应注意染发产品的致敏性，同时警惕主要成分是容易刺激、过敏的洁面产品。

4. 关于防腐剂的思考

1）是否存在不添加防腐剂的护肤品？

安瓶、冻干等技术能在不添加防腐剂的前提下，让护肤品保持活性，但这类产品的数量有限，且通常价格较昂贵。

2）"无防腐体系"是什么？

这些护肤品其实是使用了《化妆品安全技术规范》中未被列为防腐剂，但实际上具有防腐功效的成分。

如一些天然化合物，它们通常被列为功效护肤成分，但同时也具有抑菌防腐的作用，如dermosoft 1388、地衣酸、茶树油等。要注意的是，虽然植物精油（如茶树油）也能被用作防腐，但它们的成分中存在一些易过敏物质，不建议敏感性皮肤使用。

另外，作为保湿剂的多元醇类（戊二醇、己二醇、辛二醇、苯乙醇等）、单甘油酯类等，同样能被用作防腐体系，但通常它们的防腐功效有限，多与常规防腐剂一起使用。

（四）敏感性皮肤的生活、饮食调理

发怒、剧烈运动、冷热环境的突然交替，都可能会加剧敏感性皮肤的血管扩张、炎症反应。因此，保持情绪调畅，规律健康的饮食作息，对敏感性皮肤而言，是非常重要的生活调理方式。

在饮食调理方面，敏感性皮肤应注意以下几点。

1. 少吃这些食物

辛辣刺激、酒精、烧烤、油炸、过烫的食物，它们会加重皮肤的血管扩张和炎症反应（图3-15）。

图3-15　火锅、啤酒

2. 适当多吃这些食物

敏感性皮肤要注意饮食的均衡，尽量不挑食，保证饮食能为皮肤提供足够的营养。可适当多吃以下食物。

富含维生素C的食物，能参与体内的氧化还原反应，发挥抗过敏的作用，如新鲜果蔬，如鲜枣、猕猴桃、甜椒等。

富含钙质的食物，能降低血管渗透性和神经的敏感性，如牛奶、豆浆、芝麻、坚果等。

富含r-亚油酸的食物，有利于对抗炎性物质，如月见草油。

研究证明具有抗过敏作用的食物，如菠菜、苹果、红苋菜、芹菜叶、鱼腥草、洋葱、茶、红枣、黄豆等。

四、油性敏感性皮肤

1. 油性敏感性皮肤的定义

"又干又油"听起来很矛盾，但油性敏感性皮肤的人确实不少见。当油性皮肤同时合并有皮肤屏障功能的损伤时，就会表现为油性敏感性皮肤（俗称"油敏皮"）。

这类皮肤同时兼有两种皮肤类型的烦恼：①皮肤看起来很油，容易长痘；②自己感觉皮肤紧绷、干燥、发烫，使用护肤品后，会加重皮肤灼痛、瘙痒等不适感。

要提醒大家的是，油敏皮的皮肤表现，跟玫瑰痤疮、脂溢性皮炎比较类似，但后两者属于皮肤病，需要寻求皮肤科医生的帮助（见表3-13、图3-16、图3-17、图3-18）。

表3-13　玫瑰痤疮与脂溢性皮炎

名称	表现
玫瑰痤疮	面颊颧骨、鼻翼、前额、下巴的位置，出现皮肤潮红、红血丝（毛细血管扩张）；情绪激动、冷热交替、辛辣或热烫的食物会加重皮肤的潮红；面部还可能会出现少许的"红疙瘩"（容易被误认为是长痘）
脂溢性皮炎	皮肤出油多、瘙痒；在眉弓、眼睑、鼻唇沟、下巴的位置，出现泛红、脱皮、红色的小疹子；出现于头部，则表现为头皮瘙痒、多油、头皮屑多，也可出现于胸背、会阴等位置

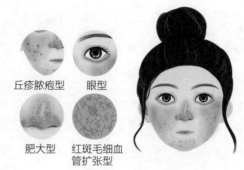

丘疹脓疱型　　眼型

肥大型　　红斑毛细血
　　　　　管扩张型

图 3-16　玫瑰痤疮

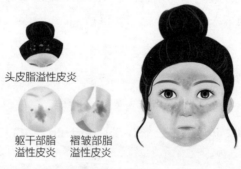

头皮脂溢性皮炎

躯干部脂　　褶皱部脂
溢性皮炎　　溢性皮炎

图 3-17　脂溢性皮炎

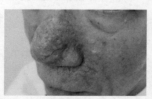

玫瑰痤疮（图片
来源于中山大学
附属第五医院李
建建）

玫瑰痤疮
（图片来源于中山大学附属第五医院马寒）

脂溢性皮炎

图 3-18　玫瑰痤疮与脂溢性皮炎

2. 油性敏感性皮肤的护肤技巧

在护肤时，油性敏感性皮肤应注意以下要点。

1）避免过度清洁

过度使用洗脸仪、蒸脸仪、黑头仪等，会导致皮肤屏障功能的损伤，对油性敏感肌而言，它们是弊大于利的产品。

在洁面乳的选择上，选择以氨基酸表面活性剂的成分为主（成分表靠前的位置）的洁面产品，它们能同时兼顾清洁力和刺激性之间的平衡；同时，洁面时起泡应丰富，以确保选择的洁面产品有足够的清洁力。当然，如果添加了水杨酸、红没药醇、金盏花提取物等消炎的成分更佳。

2）选择质地清爽的护肤品

面霜类型的护肤品，由于添加了更多的油脂成分，会增加皮肤出油、皮脂堵塞的风险。

另外，虽然收敛化妆水具有控油、收敛的作用，但它通常会添加较多的乙醇（酒精），并不适合油性敏感性皮肤。

相比起来，精华、凝胶、乳液剂型的护肤品更适合，如果要在其中做出取舍，凝胶/乳液属于更有必要的护肤品。

3. 参考护肤步骤（表3-14）

表3-14　油性敏感性皮肤的护肤技巧

步骤	时间	
	早上	**晚上**
第一步	用氨基酸洗面奶洁面（必须）	用氨基酸洗面奶洁面（必须）
第二步	具有修复、控油功能的精华（必选）	具有修复、控油功能的精华（必选）
第三步	使用凝胶、乳液（必选其一）	使用凝胶、乳液（必选其一）
第四步	使用纯物理防晒霜（必须）	
其他	每周使用1~2次贴片式面膜，每次使用时间<10分钟（可选）	

注：如有需要，可使用具有舒缓功能的矿泉水喷雾。

4. 护肤成分解析（表3-15）

表3-15　油性敏感性皮肤推荐和应警惕的护肤成分

成分		举例
推荐的护肤成分	修复皮肤屏障的清爽保湿成分	如脂肪酸、泛酸、胆固醇、神经酰胺、尿囊素、角鲨烯、玻尿酸、胶原蛋白、β-葡聚糖等
推荐的护肤成分	消炎、控油、祛痘的成分	如水杨酸、烟酰胺、PCA锌
	镇静、消炎的成分	如马齿苋、仙人掌、银杏叶、黄芩、芦荟、金盏花提取物，及没药醇

（续表）

成分		举例
应警惕的护肤成分	增加皮肤过敏风险的成分	部分植物提取物（如秘鲁香脂、茶树油） 香料及部分防腐剂（如双"羟甲基"咪唑烷基脲、甲基异噻唑啉酮、甲基氯异噻唑啉酮、卡松）
	以强封闭性的保湿润肤剂为主的护肤品	如以封闭性强的润滑剂（硬脂酸辛酯、异鲸蜡醇硬脂酸酯）、强保湿剂（矿油、矿脂、芝麻油、可可脂）为主要成分的护肤品

5. 生活、饮食调理

油性敏感性皮肤的生活、饮食调理可参考油性皮肤、敏感性皮肤对应的注意事项。

第五节

经期护肤注意事项

对女性而言，经期可以说是让人"又爱又恨"。一方面，经期表明女性具有孕育新生命的能力；另一方面，经期不仅使人感到不方便、不舒服，明明心情就已经很烦躁了，皮肤还要跟着"作死"，出现各种毛病，如水油失衡、爆痘、肤色暗沉、色斑加深、浮肿等（图3-19）。

肤色暗沉、 水油失衡、 浮肿
色斑加深   爆痘

图3-19 经期皮肤问题

有没有什么方法能帮助缓解女性的"经期丑"呢？

答案自然是有的，但在这之前，我们需要先了解经期和皮肤的关系，以及"万恶"的经期为什么会使皮肤"苦不堪言"。

一、经期的激素水平变化

事实上，并不是生理期在"折磨"皮肤，而是经期伴随的激素水平变化在"折磨"皮肤，再具体一点，主要是雌激素、雄激素（睾酮）、孕激素在"作妖"（图3-20）。

1. 雌激素、孕激素的作用

雌激素被誉为女性的天然化妆品，它能促进皮肤产生胶原蛋白、弹力蛋白、透明质酸等，促进皮肤的修复愈合、血液代谢，让皮肤显得年轻、紧致、光滑。换句话说，如果

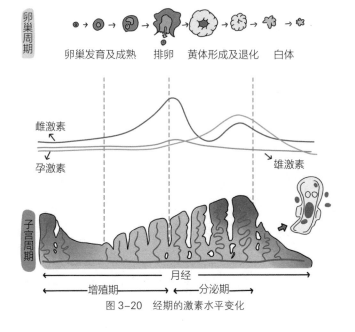

图 3-20 经期的激素水平变化

你的雌激素水平在正常范围内偏高，就等于拿到了好皮肤的"入场券"。

2. 经期的低雌激素水平

雌激素水平会随着月经周期的变化，产生一系列"跌宕起伏"的波动。其中，对我们皮肤影响最大的，当数经期的"雌激素低谷"，会让我们的皮肤状态猛跌至谷底，出现皮肤干燥、敏感、暗沉等问题。

这里尤其要提醒，雌激素虽好，但并不是越多越好！在妇科医生的眼里，雌激素也是一种"毒药"，过高的雌激素容易导致子宫肌瘤、乳腺癌等妇科疾病的出现。因此，如果你的皮肤没那么完美，也不完全是一件坏事儿，为了好皮肤而去盲目补充雌激素，不是聪明的办法。

3. 经期的孕激素水平变化

很多女性会发现，自己在经期容易"肿眼泡"，这正是孕激素造的"孽"。

孕激素有啥用呢？通过"水钠代谢"的作用，孕激素能帮助机体排除多余的水分，但在月经期间，孕激素同样处于低水平，导致皮肤容易水肿，使皮肤看起来更差。

4. 经期的雄激素水平变化

女性也有雄激素吗？当然有，只是量比较少，女性的雄激素主要来源于卵巢、肾上腺。最常见的雄激素当数睾酮。

对于作为"雌性生物"的女性而言，拥有太多的睾酮绝对不是啥好事儿，睾酮升高，会导致女性变得"男人化"，比如出现皮肤多油、毛孔粗大、长痘、体毛多、月经量少，甚至闭经不孕。

看到这里，你可能又会想"那是不是睾酮越低越好？如果没有更好？"

也不是。对女性而言，以睾酮为代表的雄激素，对我们的性功能、心理健康、运动能力都有很重要的正向意义。换言之，正常范围内的睾酮，对女性是有益的。

那睾酮跟我们的生理期皮肤问题有啥关系呢？

睾酮在整个月经周期的变化基本都不大，但雌激素却陷入了低谷，因此，经期缩小了两者之间的差距，结果就是雄激素在经期相对偏高，从而导致经期的皮肤出油、爆痘现象加重。

二、经期容易出现的皮肤问题

1. 皮肤变化是月经来临前的信号

在月经到来前的3～5天，体内的激素水平就已经开始了急剧的变化，尤其是雌激素水平的迅速降低，会导致皮肤变得敏感，容易发炎"爆痘"，出现皮肤水油失衡的现象，我们可以乐观地把它们视为"经期闹钟"，它提醒我们要及时调整护肤方案，注意休息睡眠和情绪放松，以及在包包和抽屉里准备好卫生用品。

2. 皮肤敏感、暗沉、长痘

雌激素、孕激素水平的降低在经期尤为明显，这会导致皮肤的正常代谢（尤其是蛋白质代谢）被打乱，水钠潴留加重，皮肤屏障功能也"经受不住折腾"，使皮肤变得格外脆弱、敏感；皮肤代谢的紊乱，加上不良情绪的影响，各类氧化、糖化、炎性反应后的有害物质更容易在经期出现堆积，使皮肤外观显得格外暗沉。

另外，雌激素、孕激素的明显降低，让相对没降低很多的雄激素，反而显得格外"突出"，导致雄激素"相对占上风"，使皮肤出现"男性化"的表现，如油脂分泌增多，毛孔变得比平时粗大，更容易发炎"爆痘"等。

其中，面部口周U形区域（参考男性长胡子的地方），对激素水平的变化尤为敏感，这导致了雄激素占上风的经期"爆痘"，钟爱于分布在口周、下巴、颈部的位置。如果你的痘痘也有这样的特色，并且伴有月经不规律、体毛长，有必要检测一下自己的性激素水平。

三、经期的护肤技巧

在月经来临前，我们就应防患于未然，以预防应对生理期的皮肤问题。

1. 经期做医美项目应谨慎

进行水光针、玻尿酸填充、黄金微针、"热玛吉"、CO_2 点阵激光等，以及"见血"的医美项目，最好避开经期。一是经期会让你的痛觉更敏感，做这些项目实在是受罪；二是经期的凝血功能下降，血液循环更快，容易出现瘀斑、色沉等不良反应；三是经期皮肤处于敏感、脆弱的状态，医美仪器输出的能量太高容易损伤皮肤，能量太低效果又不好，经期做医美，属于"吃力不讨好"的行为。

2. 经期护肤以温和为主，避免过度刺激

如果皮肤在生理期并没有什么特殊的变化，那么没必要太在意经期这个问题，延续往常的护肤方法就好。

如果比较"不幸"，容易在经期出现各类皮肤问题，请记住第一原则是"温和从简"，可正常使用平时的清洁、保湿产品，但不建议在这个时期去尝试新的护肤品，像去角质、"三明治"护肤法等比较刺激皮肤的行为更是不适合。

对于经期容易出现的皮肤问题，大家可参考以下的护肤技巧（表3-16）。

表3-16　经期不同皮肤状况的护肤技巧

皮肤状况	技巧
经期偏敏感的皮肤	配合使用温和修复的面膜（透明质酸、胶原蛋白类），并适当的增加使用频次（如隔天1次）
经期暗沉的皮肤	经期同样也可以使用美白功效护肤品，但美白产品都有一个"起效期"，平时也需要坚持使用
经期的出油爆痘	可以在出油多、爆痘的局部皮肤湿敷水杨酸成分的精华液，能帮助缓解皮肤的出油和发炎，如果爆痘比较严重，可以配合过氧化苯甲酰凝胶、夫西地酸乳膏等，具有消炎作用的药膏，局部点涂在痘痘上，能加速痘痘的消退

当然，对于长痘严重的人群，应该及时寻求专业人士的帮助，而不是妄求通过自我调理、简单的护肤来治疗痘痘，坚持自己"单打独斗"对你的病情毫无帮助。

四、经期护肤的常见Q&A

1. 经期排毒会让我的皮肤变得更好吗

一些女性认为，经期能排出体内的"污血"，把它们排干净了，对皮肤才更好。事实真的是这样吗？

只能说部分正确，这涉及中医学的知识。对于部分女性而言（如血瘀体质的女性），经期使用一些活血的花茶、药物、药膳进行调理，确实对身体有好处，它们能让经血排出更顺畅，还能改善面部的光泽（图3-21）。

图 3-21　玫瑰花茶

但每个人都是血瘀体质吗？显然不是，更何况，活血的药物大都偏温燥、容易耗气，如果是气血亏虚或热性的体质，盲目使用这些药食，反而画蛇添足，甚至出现"上火"、月经淋漓不净、月经提前等异常现象。

2. 为什么我一来月经，皮肤反而变好了呢

虽然大部分女性的经期常态都是"皮肤变差"，但总有一些"天赋异禀"的女性，经期皮肤反而会变好，这又是怎么回事儿呢？

虽然睾酮水平在我们月经期间的变化并不大，但还是有波动的，经期的睾酮水平相对最低，但如果恰巧你平时雄激素就偏高，经期正好让你的睾酮回落到正常水平，皮肤自然也变好了。

当然，也有一些平时皮肤比较干的女性，经期雄激素的相对增高，能增加皮肤油脂的分泌，皮肤干燥的现象反而能

在生理期得到改善。

当然，以上只是一些猜测，也未见专业性的相关研究报道。但总的来说，每个人的雌激素、雄激素水平的变化，都是有个体差异的，经期皮肤变差只是一个大概率的现象，并不能代表"每个人"的情况。如果你的实际情况有一些差异，甚至完全不一样，这并不奇怪。

3. 经期真的是护肤的黄金时期吗?

"经期可是千载难逢的护肤机会，机不可失时不再来!"为此，甚至出现了一系列经期护肤的"专用法则"。其实不然，激素水平的改变只是暂时的，随着经期过去，人体雌激素、孕激素水平升高，雄激素水平相对回落，皮肤状态恢复，在经期出现的皮肤问题也会自然改善。

即使我们在经期比平日多花了心思去护肤，充其量只能短暂改善我们的皮肤问题，说到底还是遇到了问题再去解决问题，并无特殊。并不是经期护肤做得好，经期过后就可以一劳永逸，护肤是一件细水长流的事情，望大家保持理智。

第六节

孕妇护肤注意事项

　　孕期是一个非常奇妙的过程，为了更好地迎接新生命，孕妇的身体会做出激素、代谢、免疫和血管状态的全方位调整，而这一系列的身体改变，会导致孕期出现各类皮肤问题，因此孕期依然需要做好护肤工作（图3-22）。

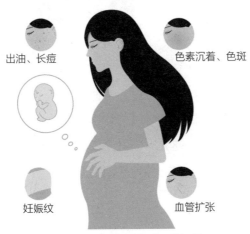

出油、长痘

色素沉着、色斑

妊娠纹

血管扩张

图 3-22　孕妇皮肤可能出现的问题

一、孕期的皮肤变化及原因

1.色素沉着、色斑

色素沉着、色斑的出现，主要跟孕期血清中的促黑细胞激素（MSH）、雌激素、孕激素的水平升高，导致黑色素细胞功能活跃，生成更多的黑色素有关。高达90%的孕妇都会出现皮肤黑色素的增加，这种现象更常见于深肤色的女性，具体表现为色素沉着、色素痣、雀斑、黄褐斑的出现或加重（图3-23）。

（1）色素沉着。表现为乳晕、乳头、外阴、腋窝、大腿内侧、脐周变得比原来更黑，腹部正中的白线也会变黑。

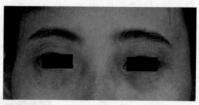

图 3-23　面部的色素沉着和色斑
（图片来源于中山大学附属第五医院马寒）

（2）色素痣、雀斑。孕期时，会出现皮肤原有的雀斑、色素痣的颜色加深、体积增大。

（3）黄褐斑。这是孕期最主要、最影响美观的色素性改变，表现为面颊、鼻子、下巴的浅-深褐色的斑片，与日晒、遗传也有重要的关系。

2.结缔组织的改变

孕期的结缔组织变化主要表现为妊娠纹，其发生与遗传、孕期体重增加导致的皮肤过度牵拉，以及孕期激素水平的变化有关。孕期的激素水平变化表现为肾上腺皮质激素、雌激素、松弛素的分泌增多。

以上的变化会导致皮肤被牵拉撕扯，胶原纤维、弹力纤维出现变性、断裂，最终导致妊娠纹的出现。约有90%的孕妇会出现妊娠纹，可出现于腹部、大腿、手臂、乳房、腋窝、臀部，最开始表现为粉红色、紫红色的萎缩纹，时间久了会逐渐变为银白色、萎缩的条纹，可伴有轻微的瘙痒。

3.血管改变

孕期的高雌激素水平，会导致毛细血管的扩张增强，皮肤出现蜘蛛痣、血管瘤（图3-24、图3-25）。

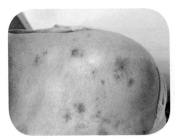 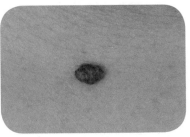

图3-24 蜘蛛痣
（图片来源于中山大学附属第五医院李建建）

图3-25 血管瘤
（图片来源于中山大学附属第五医院马寒）

4.汗腺、皮脂腺的改变

怀孕之后，皮肤的小汗腺分泌功能旺盛，容易出现多汗的现象，合并痱子、湿疹之类的皮肤病。

在孕期，皮脂腺的分泌功能也会增加，另外，肾上腺、卵巢也会分泌雄激素，导致皮肤出油增多、发炎长痘。

二、孕期的护肤技巧

由于孕期特殊的生理环境，需要尽量减少皮肤吸收可能会对胎儿产生的不良影响，决定了孕妇的皮肤护理应当温和、安全、谨慎。

对孕妇而言，护肤宜从简，但做好皮肤的清洁、保湿、防晒仍然是很重要的，参考护肤步骤如下（表3-17）。

表3-17　孕期皮肤的护理技巧

步骤	时间	
	早上	晚上
第一步	用温和的氨基酸洗面奶洁面（可选，视皮肤出油情况）	用温和的氨基酸洗面奶洁面（可选，视皮肤出油情况）
第二步	成分温和的美白抗氧化精华（可选）	成分温和的美白抗氧化精华（可选）

（续表）

步骤	时间	
	早上	晚上
第三步	使用保湿凝胶、乳液（可选，视皮肤出油情况）	使用保湿凝胶、乳液（可选，视皮肤出油情况）
第四步	使用纯物理的温和防晒霜（外出时可选）	

注：使用橄榄油、妊娠霜进行身体按摩、保湿，帮助预防妊娠纹的出现和加重。

三、护肤成分推荐

在孕期，皮脂腺功能更旺盛，且更容易出现色素问题，可以使用一些容易被皮肤吸收的保湿剂，以及成分温和的抗氧化美白护肤品，如果有长痘的现象，可以使用一些控油、消炎的成分，推荐的护肤成分如下。

容易被吸收的保湿润肤剂，如脂肪酸、泛酸、胆固醇、神经酰胺、尿囊素、角鲨烯、玻尿酸、胶原蛋白、多肽等。

温和的美白抗氧化成分，如壬二酸、维生素C、维生素E等。

四、如何预防妊娠纹

（1）适当控制体重。虽然妊娠期的营养很重要，但体重过大，会给皮肤组织带来更大的压力，适当地控制体重，避免产生过多的脂肪将皮肤撑开，有利于预防妊娠纹的出现。

（2）运动增加皮肤弹性。孕前就应当开始注意身体的锻炼（尤其是腹部），能消耗多余的脂肪，增加皮肤弹性，预防妊娠纹的出现。孕期可以在医生的指导下适当运动。产后体质恢复后，可适当游泳，水的阻力还能帮助皮肤按摩，对皮肤弹性的恢复很有好处。

（3）使用橄榄油、妊娠霜进行皮肤按摩。含有天然植物油成分，能帮助皮肤保湿、修复，增加皮肤弹性，对妊娠纹有一定的预防作用。

（4）外涂润肤保湿霜。可使用含有维生素E、水解胶原蛋白、积雪草提取物等的润肤保湿剂，能让皮肤保持水润、弹性。

（5）使用托腹带。对于多胞胎、胎儿过大的孕妇，可使用托腹带，能帮助减轻腹部的压力，减少妊娠纹的形成。

五、生活、饮食调理

　　孕期应保证营养均衡的多样化饮食，同时保证适量的身体活动，禁烟酒，保持心情愉悦，避免额外的身体负担。对孕妇而言，有以下的饮食建议。

　　（1）补充叶酸、多吃含铁的食物，如肝脏、动物血、红肉、蛋类、豆类、绿叶蔬菜（图3-26）。

图3-26　含铁的食物

　　（2）孕吐严重者，可少食多餐，适当多吃富含碳水化合物的谷、薯类食物。

　　（3）孕中、晚期适当增加奶、鱼、禽、蛋、猪瘦肉的摄入，保证足够的营养。

六、孕期护肤的常见Q&A

1. 孕期长痘可以外用药膏吗

　　如果孕期出现了长痘的现象，最好不要自己随意使用药膏，因为一些祛痘功效的药膏可能含妊娠期禁用成分，如维A酸、阿达帕林等。孕妇应在医生指导下选择外用药膏。

另外，做好生活防护，也能在一定程度上避免痤疮的发生，如出汗后及时进行清洁，尽量不化妆，经常更换枕套，手、手机少接触面部，不戴过紧的帽子（尤其是出汗时）。

2. 孕期应避免使用哪些化妆品

皮肤具有一定的吸收力，对孕妇而言，化妆品中的一些成分是具有一定风险的。如染发剂、烫发剂、指甲油、喷雾发胶等，属于非必须、又含有害物质的产品，最好避免使用。

另外，为尽量降低潜在的风险，孕妇应尽量不化妆，化妆品当中可含有偶氮类、煤焦油类合成色素。同时最好避免使用含有以下成分的护肤品：维A醇、烟酰胺、水杨酸、对羟基苯甲酸酯类防腐剂。

3. 孕期如何防晒

物理遮盖是最安全的防晒方法，如避免在上午10点至下午4点（紫外线最强的时间段）出门，出门时使用防晒伞、遮阳帽、衣物进行遮盖。

如果要使用防晒霜，尽量使用纯物理防晒霜，因为它们很少被皮肤吸收，对身体的伤害更小。

CHAPTER 第四章 4

肌肤问题的分类与保养

第一节

色斑

中国女性多为Ⅲ、Ⅳ型皮肤，属于很容易出现色素沉着的皮肤类型，而色斑非常影响我们的皮肤外观，严重的色斑，甚至会让人产生自卑的社交心理（图4-1）。

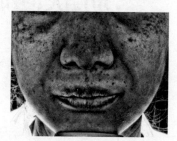

图4-1 皮肤检测仪下的面部色斑
（图片来源于中山大学附属
第五医院刘婷）

小王是一名普通的工薪族女性，对她而言，面部密集的色斑，对她的工作、生活都产生了较大的影响。

面部的色斑，让小王看起来像是"没洗干净脸"，从她的自我描述中，她对自己的外貌很悲观，认为面部的色斑影响了她的正常社交，尤其在与异性相处时，她感到十分自卑。

由此可以看到，色斑不仅会影响我们的外貌，还会导致消极心理的出现，影响正常的社交和生活。

一、色斑的分类

色斑属于色素增加性皮肤病，其类型非常多，这里仅对一些常见的色斑进行介绍。

（一）雀斑（图4-2）

雀斑具有以下的特征。

（1）发生于面部，颜色呈现浅-深褐色，看起来是孤立存在的小点。

（2）从儿童期开始出现，具有遗传性。

（3）日晒会导致斑点增多、颜色加深，一些人会把它称为"晒斑"。

（4）浅肤色的人群更容易出现雀斑。

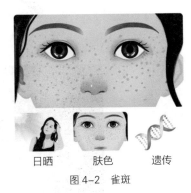

日晒　　　肤色　　　遗传

图4-2　雀斑

（二）黄褐斑（图4-3、图4-4）

黄褐斑具有以下的特征。

（1）可出现于面部的两侧、鼻背、额头、下巴，色斑颜色深浅不一，可呈现淡黄褐色、暗褐色或深咖啡色，远远看上去脸色"蜡黄"。

（2）中年女性最容易出现，具有遗传性。

（3）日晒、熬夜、情绪不稳定会导致颜色的加深。

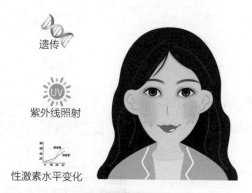

图4-3 黄褐斑的起因

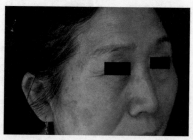

图4-4 黄褐斑
（图片来源于中山大学附属第五医院马寒）

（三）颧褐（颧部褐青色痣）（图4-5）

颧褐容易跟黄褐斑混淆，它具有
以下的特征。

（1）于颧骨两侧对称分
布，颜色为浅或深褐色、发青的
褐色。

（2）年轻的女性更多
见，具有遗传性，日晒会导致
颜色加深。

图 4-5 颧褐

（四）咖啡斑（图4-6）

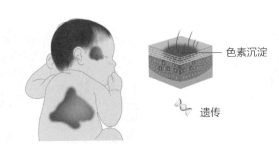

图 4-6 咖啡斑

咖啡斑具有以下特征。

（1）在出生时、出生后不久发生，面部、身上都可以
发生，部分"胎记"也属于咖啡斑。

（2）呈现浅或深的咖啡色，通常大小不一，边界清楚，色斑可随着年龄的增长而增大、增多。

（五）太田痣（图4-7、图4-8）

太田痣具有以下特征。

（1）通常出现于一侧面部，如眼部周围、太阳穴、鼻部、额头、颧骨的位置，少部分人也会对称出现于两侧面部，呈现"全脸黑"的外观。

（2）颜色深浅不一，可以是灰蓝色、青灰色、灰褐色、黑色，通常巩膜（眼睛的白色部分）也会有蓝色、褐色的斑点。

（3）通常在婴儿期或青春期出现。

遗传

图4-7　太田痣（1）

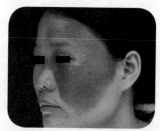

图4-8　太田痣（2）
（图片来源于中山大学附属第五医院马寒）

（六）脂溢性角化病（老年斑）（图4-9、图4-10）

老年斑属于表皮良性肿瘤，被认为是皮肤衰老的一种表

病毒　紫外线　基因　遗传
　　　　照射　突变

图 4-9　脂溢性角化病的起因

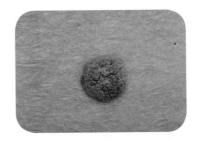

图 4-10　脂溢性角化病
（图片来源于中山大学附属第五医院马寒）

现，与长期慢性的日晒相关，其具有以下特征。

（1）40岁以上多见，随年龄的增长而增多、变大、变厚，多发生于面部、手臂、躯干等长期日晒的部位。

（2）呈圆形或卵圆形，颜色深浅不一，为淡褐色或黑色，边界清楚，局部皮肤增厚粗糙。

二、色斑的形成原因

1. 黑色素的代谢过程

在皮肤的颜色章节，我们就已经讲过，黑色素是皮肤出现色斑的主要原因，黑色素的代谢过程包括黑色素的生成、转移、降解，其中，黑色素的转移过程，是皮肤真正变黑、长斑的时期。

（1）黑色素的生成：黑色素细胞产生大量黑色素，是色斑的产生来源。

（2）黑色素的转移：黑色素细胞分泌出黑色素，将黑色素从皮肤深层，转移到皮肤表面，是皮肤真正出现色斑的时期。

（3）黑色素的降解：一部分黑色素会直接在皮肤内被降解、吞噬，一部分黑色素会跟角质层一起脱落，是皮肤重新变白的过程。

如果黑色素按照这个周期进行代谢，我们的皮肤可以保持相对稳定的肤色，且没有色斑问题的困扰。但事实上，由于个体之间存在遗传因素的差异，再加上日晒、雌激素孕激素、妊娠、不良情绪、生活习惯等的影响，容易导致黑色素的代谢异常，一旦黑色素生成过多、转移异常或不能正常降解，就会导致色斑的出现、加深。

2. 色斑的分布层次

事实上，不同色斑的分布层次是不一样的，这决定了我们需要不同的手段去解决色斑，以下简单总结各类色斑在皮肤的分布层次（表4-1）。

表4-1　色斑的分布层次

皮肤层次	雀斑	黄褐斑	颧褐	咖啡斑	太田痣	老年斑
表皮	√	√		√		√
真皮		√	√		√	

三、色斑的解决方法

从上面的内容可以看出，不同色斑的发生原因、分布层次是不一样的，这决定了我们需要用不同的手段去解决它们。

（一）医学美容的方法

对于色斑类的皮肤问题，医学美容有非常好的解决方法，如各类激光、光子仪器，可对色斑近乎完全程度地去除，如雀斑、颧褐、太田痣、老年斑等，它们都是激光的良好适应证。

黄褐斑目前仍然是医学界的一个难题，因其发病原因复杂，除了存在色素的异常，还伴有皮肤屏障的破坏，以及炎症、血管的改变，这使得它的治疗非常棘手（图4-11）。

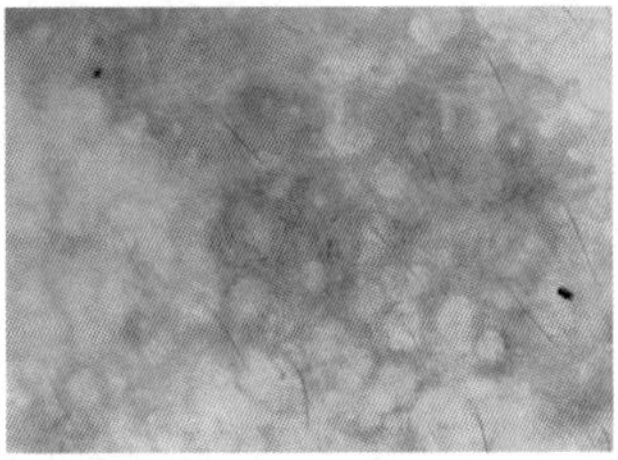

图 4-11　黄褐斑在皮肤镜下的色素沉着和血管扩张
（图片来源于中山大学附属第五医院马寒）

由于女性普遍对去除色斑有强烈的意愿，一些不正规的机构容易利用女性的爱美心理，声称能通过快速的方法去除黄褐斑。一些机构还会宣称自己是纯天然植物配方，同时违规添加能速效美白的重金属、激素成分，而长期使用它们对皮肤是有害的。

另外，也有一些机构宣传自己用"超皮秒/皮秒激光快速去除黄褐斑"，但你需要了解的是：①激光去除黄褐斑存在很高的"返黑"风险，刚做完可能皮肤看起来很白，但数周/数月后会出现严重的色斑颜色加深；②部分机构使用的是"假仪器"，要知道，超皮秒/皮秒仪器的价格都是很昂贵的，通常很大型的机构才有能力去购买，大家可以通过官方网站或微信公众号进行防伪查询；③即使是好的激光仪器，也需要在具备相关资质的人员操作下，才能达到最好的效果，大家至少要认清，给自己操作的人员是否具有从业资格。

（二）色斑的皮肤护理

对容易出现色斑的皮肤而言，认真仔细的防晒是必要的，因为日晒会导致大部分色斑的加重，具体的防晒方法可参考第一章第二节"日晒与皮肤"相关内容。

使用含有美白、淡斑、抗氧化活性成分的护肤品也是有益的，它们对预防、缓解黑色素的生成、加速黑色素的代谢有一定的好处，对常见的美白成分分析如下。

1. 氢醌

即对苯二酚，是非常高效的酪氨酸酶抑制剂，对酪氨酸酶的活性抑制能力高达90%以上，能抑制DNA、RNA的合成，能降解已经生成的黑色素，还能破坏黑色素细胞，从源头上杜绝黑色素的生成，堪称"美白界的王者"，被作为衡量其他成分美白能力的"标杆"。

虽然氢醌的美白效果非常好，但它属于皮肤科处方类药物，并不允许被添加在护肤品中。这是因为氢醌对皮肤的刺激性大，不适合用作护肤品；氢醌太"厉害"了，长时间使用下来，甚至会直接把黑色素细胞给"干掉"，导致皮肤出现白斑（色素脱失）。

2. 曲酸

曲酸是提取自真菌（如曲霉菌、青霉菌）的一种美白成分，还能用于食品的防腐、保鲜、抗氧化。

曲酸被认为是仅次于氢醌的美白成分。它对酪氨酸酶的抑制能力与氢醌基本相当，但它抑制酪氨酸酶的方法不太一样。曲酸通过"抢走"铜离子，让酪氨酸酶无法与铜离子结合，成为没有活性的"废物"，失去产生黑色素的能力，从而起到美白的作用。

曲酸最大的争议点在于"可能对皮肤的致癌性",关于这点,日本做的科学实验很多,大部分结果显示这个成分还是很安全的,因此,它仍然是很常见的皮肤美白成分,实在介意的可以避开这个成分。另外,曲酸对敏感性皮肤也不太友好,一些报道提示它可能会导致皮肤过敏。

3. 光甘草定、甘草提取物

光甘草定、甘草提取物具有美白、抗氧化、抗炎的作用。

光甘草定是光果甘草(特定种类的甘草)中提取的黄酮类物质,其在光果甘草中的含量约为0.2%,提取难度大,原料价格非常昂贵,被称为"美白黄金"。它是目前已知的最高效的酪氨酸酶抑制剂,在很小的剂量下,就可以起到抑制酪氨酸酶活性的作用,且不对细胞产生损伤,是一种高效而温和的成分。

除了昂贵的"精华部分"的光甘草定,普通的甘草提取物也具有美白作用。与光甘草定比起来,它的成分更为复杂,容易"做多错多",抑制酪氨酸酶活性的效能低,需要更高的浓度才能达到美白的效果。

4. 熊果苷、α-熊果苷

熊果苷又称对苯二酚-β-D葡糖苷,是天然的植物提取物,这名字有没有感到很熟悉?对苯二酚也就是氢醌,而熊

果苷是氢醌分子和葡萄糖分子联合的结果。

熊果苷主要是通过抑制酪氨酸酶、减弱黑色素细胞生成黑色素的能力，来起到美白的作用。熊果苷的问题在于，它会释放出一小部分氢醌，属于被禁止添加于护肤品中的成分。

由此，便诞生了α-熊果苷，即对苯二酚-α-D葡糖苷，只是从β变成了α，就让它更加稳定，不会释放出氢醌，也不具有细胞毒性，号称是很温和的美白成分，适合有美白需求的皮肤敏感者。

需要提醒的是，熊果苷、α-熊果苷的美白能力具有一定的争议，两者的美白能力不算很强。

5. 维生素C、烟酰胺

维生素C是当之无愧的全能型选手，论酪氨酸酶的抑制能力，维生素C不算太强，但它能干扰黑色素合成的各个环节，同时还原已经生成了的黑色素，是很经典的美白抗氧化成分。

这里提醒一点，原型维生素C的美白、抗氧化效果虽然不错，但很容易氧化变质，这类护肤品最好尽快使用。相比起来，更稳定的维生素C衍生物更受护肤品牌的欢迎，但它的美白效果也相应地被弱化。

烟酰胺能一边抑制黑色素跑到皮肤表面，一边加速表皮色素的代谢，再加上抗糖化能力的加持，更让它成了诸多大牌护肤品的"美白红人"。

6. 果酸、水杨酸、乳酸

它们是常用的化学换肤剂，除了广泛地应用于痤疮，也能应用于黄褐斑等色素性疾病的治疗。其能促进老旧黑色素的代谢，同时加速皮肤角质的代谢，浓度足够的条件下，在较短的时间内，就能取得不错的美白提亮效果。

需要提醒的是，它们具有角质剥脱作用，不适合敏感性皮肤，更适合角质层偏厚，或合并有粉刺、黑头、长痘等皮肤困扰的人群。

（三）生活、饮食调理

不良的生活习惯及焦虑的情绪对黑色素生成具有促进作用，尤其是黄褐斑的人群，保持规律的作息、良好的情绪是非常重要的。

1. 少吃这些食物

一些光敏性的食物，如芹菜、柠檬、橙子、西柚、无花果、田螺、苋菜，含有呋喃香豆素类的天然光敏性物质，会增加皮肤对UV的敏感性，如果大量摄入这类光敏性食物，再

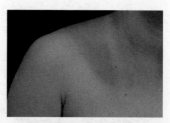

图4-12 日晒伤的皮肤
（图片来源于中山大学附属第五医院马寒）

进行暴晒，皮肤更容易晒伤、晒黑、出现色斑，食用这类食物后，应做好皮肤的防晒。

2. 适当多吃这些食物

富含维生素C、维生素E的食物，补充这类维生素有利于提高皮肤的防晒能力，如鲜枣、草莓、橙子、葡萄、植物油、杏仁、榛子、麦胚、花生等。

含有不饱和脂肪酸的食物，减少UV对皮肤的伤害，如鹅肝油、鱼油、鲭、鲑鱼、油鲱等。

含有大量的类胡萝卜素的食物，能提高皮肤的防晒能力，如胡萝卜、甜椒、枸杞、西红柿等。

第二节

痤疮（痘痘）

2019年的《中国痤疮治疗指南》指出，超过95%的人在其一生中，会出现不同程度的痤疮。

痤疮（痘痘）是一个很常见的面部皮肤问题，在皮肤科门诊，每天都有大量的人因为面部长痘而就诊，他们大多是爱美的年轻男女，正处于工作、交际的黄金时期，良好的外貌能为他们带来更好的社交效果，因此，他们通常更在意自己的外貌。当然，对于容易长痘的青年男女而言，通常会同时伴有面部出油较多、毛孔粗大、黑头等皮肤烦恼（图4-13）。

白头   黑头

图4-13　痤疮

一、痘痘的定义

痘痘是一种毛囊皮脂腺的慢性炎症性皮肤病，常出现于面部出油多的油性皮肤（图4-14）。每个人脸上的痘痘爱长的位置都不一样，有人长在两边的侧脸，有人长在额头，也有人会在唇周、下巴的位置一直冒痘，当然，痘痘还可以出现脸部以外的位置，比如胸部、背部和肩胛部。

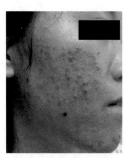

图 4-14　长痘的皮肤
（图片来源于中山大学附属第五医院李建建）

与大家印象中的痘痘不同的是，除了发炎的"红疙瘩"、小脓疱，以下的皮肤表现其实都属于痘痘（表4-2）。

表4-2　痘痘的不同皮肤表现

粉刺类型	皮肤表现	图片示例
白头粉刺	由皮脂和角质细胞堵塞在毛囊内，形成白色的角化性丘疹，里面可挤出黄白色的豆腐渣样物质	白头
黑头粉刺	白头粉刺顶端的皮脂暴露在空气中，出现氧化、变黑，形成黑头粉刺	黑头

（续表）

粉刺类型	皮肤表现	图片示例
炎性丘疹	粉刺里面的细菌、皮脂出现感染发炎，累及周围组织，皮肤损伤加重，形成红色的小丘疹	
脓疱	在炎性丘疹的基础上，感染进一步加重，顶端出现化脓的小脓疱	这里是红的 这里是脓 脓疱
结节	摸起来坚硬而疼痛的肿块	
囊肿	皮肤疼痛明显，内部存在大量脓液	

二、痘痘的发展趋势

痘痘也有轻、重程度的区别。早期、症状比较轻的痘痘，容易在皮肤出油多的基础上，出现白头粉刺、黑头粉刺，是轻度（Ⅰ级）的痤疮；久而久之，粉刺会出现皮肤浅层次的感染、发炎、化脓，是中度（Ⅱ级）和中重度（Ⅲ

级）；随着感染、发炎的加重，炎症会从皮肤的浅层次，逐渐深入到皮肤的深层次，形成重度（Ⅳ级）的痤疮，而这个时候的痘痘，由于可深入到真皮层次，容易在愈合后留下痘坑（表4-3）。

表4-3　痤疮等级

等级	皮肤表现	图片示例
轻度（Ⅰ级）	仅有粉刺	
中度（Ⅱ级）	既有粉刺，又有炎性丘疹	
中重度（Ⅲ级）	在粉刺、炎性丘疹的基础上，还可以见到脓疱	
重度（Ⅳ级）	在粉刺、炎性丘疹、脓疱的基础上，还见到有结节、囊肿	

三、痘痘的形成因素

痘痘的发生，是过度分泌的皮脂和老化的角质细胞混合在一起，堵塞在毛囊内部，再加上微生物的感染，毛囊出现发炎和化脓所致，这个发生过程主要与以下的因素有关。

（1）内分泌异常。痘痘尤其与雄激素的异常有关，当体内的雄激素增多时，皮肤会分泌大量的油脂，更容易出现长痘的现象。

（2）毛囊皮脂腺导管角化异常。也就是毛囊口变小了，导致毛囊内堆积的皮脂、角质细胞不能正常排出，反而越堆越多，形成粉刺，如果出现发炎，就会成为炎性丘疹、脓疱等更严重的痘痘。

（3）微生物导致皮肤感染现象的加重。对容易长痘的人而言，他们脸上存在更多的痤疮丙酸杆菌（一种细菌），更容易出现发炎和感染的现象。

（4）其他。遗传是决定我们是否容易长痘的重要因素；而高脂、甜食（高升糖指数的食物）、奶制品、辛辣、油炸的食物，容易导致长痘现象的加重；另外，熬夜、过度劳累、情绪紧张、压力大等不良的生活方式，也会导致痘痘的加重。

四、痘痘的保养建议

（一）治疗性建议

较深的痤疮皮疹（如囊肿）容易累及皮肤的深层（真皮层次），后续愈合后会遗留下凹凸不平的痘坑、痘疤（我们称之为痤疮瘢痕），且它们通常很难修复，需要采取昂贵的激光治疗。因此，如果你长痘已经达到了中重度（Ⅲ级）、重度（Ⅳ级）的级别，需要去当地的皮肤科就诊，规范的药物治疗能使你的痘痘更快得到控制，同时减少后期留下痘坑的可能性。

对于轻度（Ⅰ级）、中度（Ⅱ级）的痤疮，在医生指导下，外用的药物就能让长痘的症状得到缓解，以下介绍一些皮肤科常用于治疗痤疮的外用药物，帮助大家更好的使用它们。

1. 视黄酸（维A酸）类药膏

常用的有阿达帕林凝胶、异维A酸凝胶、维A酸乳膏等，这类药膏能作用于痤疮发生、发展的全过程，起到控油、溶解粉刺、消炎、抑菌的作用，是皮肤科最常用于治疗痘痘的药膏。另外，这类药物还具有刺激真皮胶原再生的作用，能一定程度上预防"痘坑"的出现，也能将它用来抗衰老，但这类药物的刺激性很大（阿达帕林相对刺激性最小），大部分人用完它们后，会出现皮肤发红、掉皮、刺痛的现象，因此，并不建议大家直接把它拿来抗衰老，它的"好兄弟"——维A醇类的产品，是更好的抗衰老选择（详见下一章节）。

使用小技巧：维A酸类的药膏具有光敏性，如果在白天使用，会加剧紫外线对皮肤的伤害，因此，它们更适合在夜间使用。同时，为了缓解这类药膏的刺激性，在最初使用时，可以采取隔天使用1次，逐渐延长每次使用的时间，且配合使用保湿、修复功效的护肤品。

2. 抗菌类药膏

如过氧苯甲酰凝胶、抗生素类药膏（克林霉素磷酸酯凝胶、夫西地酸乳膏等），主要具有杀灭痤疮丙酸杆菌的作用。

使用小技巧：皮肤表面存在有大量正常定居的微生物，大面积使用具有抗菌作用的药膏，可能会影响到皮肤的微生态平衡，因此，只在有炎症的局部皮肤（发红、突出的小丘疹、脓疱、结节、囊肿）使用它们会更适合。

3. 壬二酸

具有控油、消炎、抗菌、抗粉刺的作用，同时还是重要的皮肤美白剂，尤其适合用来淡化长痘后遗留的红印子和黑印子。

使用小技巧：壬二酸具有控油脱脂的作用，使用后要做好皮肤的保湿。

4."刷酸"治疗

相信不少长痘的朋友都听说过"刷酸"。当然，"刷酸"是一个很"模糊"的概念，一般常用于治疗痘痘的有水杨酸、果酸（如甘醇酸、杏仁酸、柠檬酸），两者的原理、作用比较类似，前者具有更好的控油、消炎作用，后者具有更好的去粉刺、黑头的作用，大家可以咨询当地的皮肤科医生或专业人员进行相关的专业指导调理。

（二）护肤成分建议（表4-2）

表4-4　改善痤疮的护肤成分建议

推荐的护肤成分	作用
水杨酸、水杨苷、水杨酸甲酯	调节油脂、溶解角质、抗炎、杀菌
壬二酸	既能被制作成药膏，也能用于护肤品，能减轻炎症，全面改善痤疮症状，还具有美白、抗氧化的作用
乙醇酸、乳糖酸（即果酸）	具有疏通毛孔、调节角质、祛痘的作用
植物（神经）鞘氨醇（如二氢鞘氨醇、神经鞘氨醇、6-OH-4-鞘氨醇、植物鞘氨醇）	天然的皮肤抗炎剂，具有抗菌的作用，同时还是良好的皮肤屏障修复剂

（续表）

推荐的护肤成分	作用
补骨脂酚	具有抗菌、抗痤疮丙酸杆菌的作用，还具有抗衰老的作用
木兰提取物、隐丹参醌（酮）等植物提取物	具有抗痤疮丙酸杆菌的作用
辛酰基-胶原酸	减少皮脂分泌
烟酰胺	具有控油、抗炎、抗菌的作用

不推荐的护肤成分：痘肌应尽量避开可能会致粉刺、致痘的成分，如润滑剂（硬脂酸辛酯、异鲸蜡醇硬脂酸酯）、强保湿剂（矿油、矿脂、芝麻油、可可脂）、蜡类（羊毛脂）、部分表面活性剂（月桂醇硫酸酯钠）。

（三）生活饮食建议

1. 少吃这些食物

高脂、甜食、奶制品、辛辣、油炸食物，属于容易致痘的食物，应减少这类食物的摄入，如：奶茶、火锅、含糖饮料、蛋糕、饼干、烧烤、炸鸡、薯条等。

另外，如果你是长期坚持健身的人士，应警惕高蛋白增肌饮食可能带来的长痘现象（图4-15）。

图4-15 蛋白粉

2. 适当多吃这些食物

富含多种维生素和抗氧化剂，能帮助缓解炎症、改善代谢，如新鲜的水果、蔬菜。

富含ω-3的食物，ω-3属于人体必须脂肪酸，能改善痘痘的症状，如鲱鱼、三文鱼等海鱼。

富含锌、硒等微量元素的食物，如芝麻、麦芽、海鲜、动物内脏、鱼、蛋等。痤疮的发生与这类微量元素不足有关。

第三节

皮肤衰老

没有人能逃离衰老的"魔爪"，"岁月不败美人"更多的是美人们努力抗衰老的结果（图4-16）。

相信大家都对衰老"有所耳闻"，比如胶原蛋白流失、光老化、皮肤的氧化、糖化等，这些都是大家所了解的衰老。大家的认识确实是正确的，但

图4-16 衰老对比

它们其实只是构成皮肤衰老的很小一部分。比如大家最关注的面部衰老，其实是骨骼、肌肉、皮肤等多层次共同作用的结果，皮肤的松垮和皱纹，并不像看起来的这么简单，其不仅仅是皮肤胶原蛋白的流失，更是深层脂肪组织的变少和移位，筋膜组织的"挂不住肉"，甚至是骨骼的不断"缩水"造成的（图4-17）。

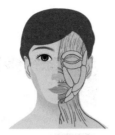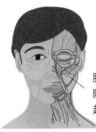

脂肪流失伴
随软组织一
起下垂

年轻的脸部脂肪　　　老化的脸部脂肪

图 4-17　脂肪衰老对比

一、皱纹的分类

随着衰老的出现，我们的面部会出现很多皱纹，它们可大致分为动态纹、静态纹，动态纹出现的时间更早，只在我们做表情时出现；随着年龄增长，动态纹会逐渐演变为静态纹，即使不做表情，它们也会存在于面部（图4-18）。

面部的皱纹见表4-5。

动态纹　　　　　　　　　　　　　　　　　　静态纹

无表情时无皱纹　　有表情时有静态皱纹　　不做表情也有皱纹

图 4-18　动态纹静态纹对比

表4-5　面部的皱纹

类型	描述	图片示例
额纹	抬眉时出现的动态纹，日久可演变为不抬眉也能见到的静态纹	
眉间纹	皱眉时出现的动态纹，日久可演变为静态的"川字纹"	
鱼尾纹	笑时，眼睛外眦会出现的放射状动态纹，日久会演变为不笑也能见到的静态纹	
鼻背纹	强烈地皱眉时，鼻背也会产生收缩，从而出现鼻背纹	
法令纹/木偶纹	又称"八字纹"，是鼻翼向下延伸出现的两条纹路，由鼻基底凹陷、软组织移位导致的结构性改变	
颏纹	用力抿嘴或外伸下唇时，下巴（颏部）出现的皱褶，部分人由于颏肌紧张，不做表情时也会出现	
口周皱纹	多见于吸烟人群，噘嘴等习惯会加快其出现	

二、皮肤衰老的发展趋势

与大家印象中最典型的衰老表现——皱纹、松弛有所不同，衰老既包括皮肤结构的改变，也包括皮肤功能的退化。

1. 皮肤结构的改变

衰老是一个"由内而外"的过程，细胞的衰老决定了我们外在容貌的衰老。随着年龄的增长，构成皮肤的细胞（如角质形成细胞、成纤维细胞、脂肪细胞）会逐渐失去年轻时的外观。

除了皮肤细胞，皮肤内的胶原蛋白、弹力蛋白、蛋白多糖、透明质酸等，都会随着年龄的增长而变少，它们都是皮肤重要的"营养物质"，失去它们的皮肤会像失去养分的花朵一样枯萎、凋谢。

整个皮肤会呈现出"好物质变少，坏物质增多"的趋势，表现为皮肤的变薄、皱纹、松弛、下垂，同时伴有脂褐质（老人斑、色素沉着）的增多。当然，如果同时有光老化的发生，皮肤的衰老速度会更快。

2. 皮肤功能的退化

皮肤细胞的衰老、营养物质的流失，自然也会带来皮肤功能的退化。具体表现为：皮肤温度调节、修复重建能力、免疫、感觉、汗腺和皮脂腺、紫外线防护等功能的下降。

比如老人通常更怕冷，其实跟衰老之后的温度调节功能下降有关；年龄大了之后，伤口没有以前愈合得快，还容易留瘢痕，则跟皮肤的修复重建能力下降有关；年龄越大、皮肤越干，则是皮脂腺功能减退，皮脂保湿能力下降的结果。

因此，皮肤衰老不仅会出现皱纹和松弛，还会出现变黄、色斑，以及伴随而来的皮肤功能减退。

三、皮肤衰老的形成因素

皮肤的衰老是由内在的"不可抗力"（基因决定的自然老化），和外在的不良因素（如日晒等）共同作用的结果。

在此之前，跟大家分享一些关于衰老的对比图片，图片为双胞胎女性的对比图，她们在日晒时间、吸烟史及体重方面存在明显的差异。希望能以此来提醒大家，虽然基因决定的自然衰老进程是我们无法改变的，但有很多我们可改变的外在因素，它们对皮肤衰老的作用，远超你的想象（图4-19）。

影响衰老的因素非常多，至于皮肤为什么会衰老，涉及非常复杂的机制，并衍生出了各种关于衰老的理论学说，如基因调控学说、代谢失调学说、内分泌失调学说、免疫力下

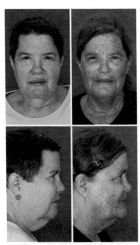 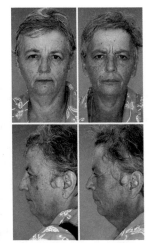

日晒：右边比左边的双胞胎 吸烟：右边的双胞胎有40多
每周多晒10小时左右 年的吸烟史

体重：左边比右边的双
胞胎体重指数高14.6
（左边的双胞胎更重）

图4-19　外在因素对皮肤的影响

降学说、环境影响学说等，它们从不同的角度阐述了我们为
什么会衰老。

1. 基因调控学说

基因力量的强大，想必不用多说。简单来讲，衰老是刻

在我们基因里的不可变程序，是全身器官（包括皮肤）衰老的根本原因。

2. 代谢失调学说

代谢失调学说是目前非常流行的学说，包括了自由基学说、非酶糖基化衰老学说、羰基应激衰老学说。

前两个学说俗称皮肤的氧化、糖化，属于非常热门的"网红"学说，由于它们还涉及其他的皮肤变化，我们在下两个章节进行详细的讨论。

羰基应激衰老学说属于相对"冷门"的概念，它其实是氧化、糖化反应的最终归宿，会让皮肤显著的变黄、长斑。皮肤在发生氧化反应、糖化反应的同时，会产生一种叫"羰基"的有害物质。羰基的攻击性非常强，像一颗颗烈性"毒瘤"，能在各类细胞和组织中自如地穿梭，并攻击各类生物分子（蛋白质、核酸、活性酶等），最终出现类似于"烤面包"的变化，使皮肤呈现黄褐色的改变，出现发黄、色斑（如老人斑）的衰老表现。

羰基的伤害力非常大，在适当的条件下，羰基几乎能毒害所有的生物分子，再加上羰基应激反应是一个不可改变的过程，我们并没有很好的办法去对付它，对护肤而言，我们应尽量地减少皮肤的抗氧、糖化反应，以减少这种不可逆的羰基应激反应。

3. 内分泌失调学说

内分泌失调学说主要涉及女性的雌激素，绝经后女性表现得尤为明显，绝经女性由于失去雌激素的滋润，皮肤会出现迅速地衰老。雌激素确实是女人的重要珍宝，它能帮助皮肤胶原的合成，维持皮肤的厚度，能增加皮肤内糖胺聚糖、透明质酸的含量，使皮肤保持良好的弹性和水润度。

当然，"通过人为增加雌激素来抗衰老"的想法并不可取，这会增加妇科癌症的风险，我们应该做的，是减少对雌激素的不良消耗行为，比如避免熬夜。

4. 免疫力下降学说

如果你足够细心的话，会注意到前面提过的皮肤免疫功能。就跟我们常常提到的身体免疫力一样，皮肤也是有免疫力的，能帮助我们抵御各类外界伤害，衰老会导致皮肤免疫能力弱化，而皮肤免疫能力的弱化又会反过来加剧皮肤的衰老。

5. 环境影响学说

如前面图片展示的结果，环境对皮肤衰老的影响，比我们想象中还要大，这里的环境因素主要包括了日晒、外伤、感染、空气污染、吸烟、饮酒等，它们又反过来通过对代谢、内分泌、免疫等的影响，加速皮肤的衰老进程。

其中，尤其要强调日光（尤其是UVA）在皮肤的衰老中的作用，日光是除基因之外，对皮肤衰老影响最大的因素，这个过程也被称作皮肤的光老化。日光能加剧皮肤的氧化反应，并使皮肤产生更多的有害因子（如AP-1、MMPs），抑制对皮肤有益的因子（如TGF-β），加剧皮肤的衰老进程，导致皮肤出现粗大而深的皱纹、粗糙、大量色斑、明显的血管丝等，这些都是光老化的皮肤表现（图4-20）。

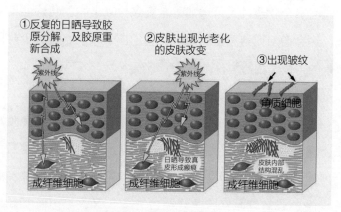

图 4-20　光老化的皮肤表现

四、抗衰老的保养建议

（一）医学美容的方法

我们已经发展出了非常丰富的医学美容抗衰老方法，它们是解决皮肤衰老很好的办法。如我们印象中的"动刀类"

手术，包括脂肪填充、割眼袋等；和一些相对微创的方法，如线雕、玻尿酸填充、肉毒注射、水光注射等；以及近年来很火的热玛吉、光子嫩肤、CO_2点阵等激光治疗，它们都具有很好的抗衰老效果，能从骨骼、肌肉、筋膜、皮肤等多个层次解决衰老问题。

（二）抗衰老的皮肤护理

就皮肤护理层面而言，做好基础的清洁、保湿，同样具有延缓衰老的作用。而做好皮肤的防晒则对抗衰老有非常重要的意义。

此外，配合使用具有修复保湿、抗衰老、抗氧化功能的活性成分，能达到更好的抗衰老效果，以下列举部分对抗衰老有利的护肤成分（表4-6）。

表4-6　部分对抗衰老有利的护肤成分

作用	举例
具有促进皮肤胶原合成的成分	维A醇、补骨脂酚、多肽（如蓝铜胜肽、乙酰基六肽-3、棕榈酰五肽-3、乙酰四肽-5、棕榈酰三肽-5）
增强皮肤屏障、保湿功能的成分	神经酰胺、脂质、透明质酸、泛醇
对皮肤抗衰老有利的微量元素	锌、镁、铜
具有抗氧化作用的成分	维生素C、维生素E、

（三）生活、饮食调理

氧化反应、糖化反应是衰老发生的重要机制，因此，抗糖化、抗氧化的生活、饮食护理要素也适用于抗衰老，大家可参考相应的章节。

由于胶原蛋白是让皮肤保持年轻的重要物质，而摄取优质蛋白有利于胶原的合成，而鱼、禽、蛋、猪瘦肉都富含优质的蛋白质，根据《中国居民膳食指南（2016版）》推荐，每周可吃鱼280～525克，畜禽肉280～525克，蛋类280～350克，平均每天摄入总量120～200克。

此外，适量食用富含蛋白质、微量元素、维生素的坚果，也能帮助我们的皮肤维持健康（图4-21）。

图4-21　鱼、禽、蛋、猪瘦肉、坚果

第四节

毛孔粗大、黑头

　　虽然毛孔粗大属于美容性的
问题，但时常会有因为毛孔粗大
来医院就诊的患者，她们多是年
轻的女性，皮肤出油较多，同时
伴有较严重的黑头问题。

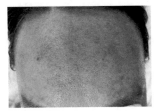

图4-22　毛孔粗大

　　毛孔粗大使她们的皮肤外观看起来很不美观，化妆时，粉
底甚至可能会嵌入粗大的毛孔里面，她们容易产生自卑心理，
并认为皮肤问题影响了她们正常的社交生活（图4-22）。

一、毛孔粗大的定义

　　正常来讲，单个毛孔的大小约为0.02平方毫米，而肉眼可见的毛孔大小为0.1～0.6平方毫米，"粗大"的毛孔通常大小为0.3～0.6平方毫米。

当然，这属于学术研究领域的毛孔粗大，对普通人而言，如果其他人能很明显地注意到你的毛孔，则属于毛孔粗大的范畴。

二、毛孔粗大的分类、形成因素

根据形成因素的不同，可将毛孔粗大分为以下几类（见表4-7）。

表4-7　毛孔粗大的类别

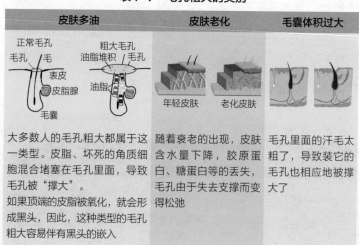

皮肤多油	皮肤老化	毛囊体积过大
大多数人的毛孔粗大都属于这一类型。皮脂、坏死的角质细胞混合堵塞在毛孔里面，导致毛孔被"撑大"。 如果顶端的皮脂被氧化，就会形成黑头，因此，这种类型的毛孔粗大容易伴有黑头的嵌入	随着衰老的出现，皮肤含水量下降，胶原蛋白、糖蛋白等的丢失，毛孔由于失去支撑而变得松弛	毛孔里面的汗毛太粗了，导致装它的毛孔也相应地被撑大了

另外，这些因素也容易导致毛孔粗大的出现：①基因。父母的毛孔粗大可能会遗传给子女。②长期日晒。会导致皮肤出现多油、粗糙、毛孔粗大的表现。③皮肤护理不当。如经常使用鼻头贴等，也可以导致毛孔变粗。

三、毛孔粗大的保养建议

（一）医学美容的方法

水杨酸刷酸能起到减少油脂、疏通毛孔的作用，而果酸刷酸具有良好的促进角质剥脱、抗衰老的作用。另外，激光、肉毒素也能起到收缩毛孔的作用，而脱毛类的项目则适合汗毛粗大导致的毛孔粗大，大家可咨询皮肤科医生后，进行相关治疗。医学美容的方法，能帮助缓解各种类型的毛孔粗大。

（二）外用药膏的方法

主要是维A酸类的药膏（如阿达帕林、维A酸等），能减少皮脂分泌、调节角质，还能刺激真皮层胶原的再生，更适合皮肤出油多导致的毛孔粗大。

（三）推荐的护肤成分

皮肤出油多导致的毛孔粗大、黑头，可以使用与痤疮类似的护肤方法。但与痤疮有所不同的是，这类皮肤的耐受能力更好，通常皮肤屏障功能完好，不需要使用太多修复皮肤屏障功能的护肤品（表4-8）。

表4-8　毛孔粗大推荐使用的护肤成分

推荐的护肤成分	作用
水杨酸、水杨苷、水杨酸甲酯	调节油脂、溶解角质、抗炎、杀菌
壬二酸	既能被制作成药膏，也能用于护肤品，能减轻炎症，全面改善痤疮症状，还具有美白、抗氧化的作用
乙醇酸、乳糖酸（即果酸）	具有疏通毛孔、调节角质、祛痘的作用
辛酰基-胶原酸	减少皮脂分泌
烟酰胺	具有控油、抗炎、抗菌的作用

衰老导致的毛孔粗大，应做好皮肤的保湿，同时使用一些含有抗衰老成分的护肤品，如维A醇、多肽（如蓝铜胜肽、乙酰基六肽-3、棕榈酰五肽-3、乙酰四肽-5、棕榈酰三肽-5）类的护肤品。

（四）不推荐的护肤成分

尽量避开可能会加重皮脂堵塞的成分，如润滑剂（硬脂酸辛酯、异鲸蜡醇硬脂酸酯）、强保湿剂（矿油、矿脂、芝麻油、可可脂）、蜡类（羊毛脂）、部分表面活性剂（月桂醇硫酸酯钠）。

（五）生活饮食调理

皮肤出油多导致的毛孔粗大、黑头，这类皮肤问题的生活饮食调理与痤疮类似，尤其需要减少高脂食物、甜食的摄入，饮食应清淡，并且多食用新鲜的水果、蔬菜（图4-23）。

衰老导致的毛孔粗大，需要注意饮食营养的均衡，可参考皮肤衰老章节的调理方法。

图 4-23　蔬菜水果

第五节

毛周角化症（鸡皮肤）

约有一半的人都会有鸡皮肤的烦恼，通常女性更多见，它可以出现在脸上，也可以出现在手上、腿上（图4-24）。

出现于面部时，远看倒没什么，一旦近看就会很影响美观，拍照时会变得更明显，是很多爱美女性都很在意的皮肤问题。

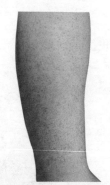

图 4-24　毛周角化症
（图片来源于中山大学附属第五医院李建建）

一、鸡皮肤的表现

鸡皮肤又叫作毛周角化症，是一种慢性毛囊角化性皮肤病，是由于角蛋白过度堆积于毛囊口，形成突出于皮肤、针尖大小的丘疹，皮肤摸起来很粗糙，可呈现微微发红的状态，一般在冬季加重，夏季缓解。由于外观特征跟没有毛的"鸡皮"很像，因此才得了个"鸡皮肤"的称号。

鸡皮肤通常出现于上臂外侧、大腿前侧，也可出现于两侧面颊、臀部、肩胛、小腿等部位。通常没有皮肤不舒适的感觉，偶尔会感觉到皮肤的轻微瘙痒（图4-25）。

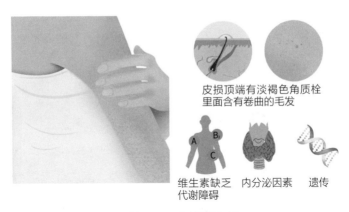

皮损顶端有淡褐色角质栓
里面含有卷曲的毛发

维生素缺乏　　内分泌因素　　遗传
代谢障碍

图4-25　鸡皮肤的起因

二、鸡皮肤的形成因素

鸡皮肤容易出现于干燥的皮肤。其形成主要与遗传相关，还与维生素A、维生素B_{12}、维生素C缺乏，以及内分泌因素（如接受糖皮质激素治疗者、甲状腺功能低下者）有关。

此外，日晒和反复的物理摩擦，也会加重鸡皮肤。

三、鸡皮肤的保养建议

（一）外用药膏的方法

可使用0.1%的维A酸软膏及他扎罗汀凝胶、3%～5%的水杨酸软膏、10%～20%的尿素霜等具有软化、溶解角质的药膏，改善鸡皮肤的症状。

（二）鸡皮肤的皮肤护理

鸡皮肤的皮肤护理，应注意对皮肤的保湿和防晒，尽量穿纯棉的贴身衣物，减少对皮肤的摩擦，室内可使用加湿器，避免日光暴晒。

另外，使用一些具有角质剥脱作用的护肤成分也是有益的，推荐护肤成分如下。

具有角质剥脱作用的成分，如水杨酸、果酸。

具有保湿、润肤作用的成分，如羊毛脂、甘油、凡士林、尿囊素、角鲨烯、丙二醇等。

（三）饮食调理

一些食物对改善鸡皮肤具有一定的好处，如动物肝脏、
胡萝卜、甜椒、蛋黄、西洋菜、西兰花等，它们是富含维生
素A的食物，能帮助维持上皮细胞的结构和功能。

CHAPTER 第五章 5

皮肤与营养的关系

第一节

皮肤也需要营养元素

作为身体器官的一部分，皮肤也是需要营养的。

长期节食减肥的女性，除了会出现闭经、内分泌紊乱，皮肤也会变得干燥、衰老。

我们摄入的食物，除了为身体提供营养，也在为皮肤提供营养。营养不足会导致皮肤出现干燥、暗沉、敏感、粗糙、弹性不足等一系列问题。对皮肤而言，水、糖、脂类、蛋白质、维生素、矿物质都是非常重要的营养元素。

一、水

说到皮肤的营养成分，大家的第一反应都是水。水分是人体的重要成分，皮肤当然也不例外。皮肤由表皮、真皮及皮下脂肪组织构成，每层皮肤组织都含有一定的水分。

（一）表皮

我们常说的"皮肤缺水"，其实就是表皮最外面的角质层"缺水了"，而水分的不足，容易导致皮肤屏障功能的下降。角质层的含水量为10%～20%，当角质层含水量低于10%，皮肤就会出现干燥、掉皮、瘙痒、容易敏感。

皮肤本身就存在有生理性的"保水物质"，主要是脂质、天然保湿因子，它们都能帮助皮肤"锁住水分"（表5-1）。

表5-1　天然保湿因子的化学组成

物质名称	含量/%
氨基酸	40
吡咯烷酮羧酸	12
乳酸盐	12
尿素	7.0
氨、尿酸、氨基葡萄糖、肌酸	1.5
钠	5.0
钙	1.5
钾	4.0
镁	1.5
磷酸盐	0.5
氯化物	6.0
柠檬酸盐	0.5
糖、有机酸、肽及未确定物质	8.5

当然，通过使用保湿护肤品、增加空气湿度、多饮水，能从外源性途径帮助皮肤补水，改善皮肤干燥的情况。

（二）真皮

真皮层的水分高达70%，这主要得益于透明质酸（也叫玻尿酸，属于皮肤的一种蛋白质）的功劳。透明质酸能吸收相当于自身重量500~1 000倍的水分，起到保湿的作用，还能在真皮层起到填充、抗衰老的作用（如大家熟悉的微整形）。

（三）皮下组织

主要由脂肪细胞、纤维间隔、血管等组成，其中，脂肪细胞储存有10%~30%的水分，但很显然这一层次是护肤品不能干预的。

二、糖、脂类、蛋白质

糖（碳水化合物）、脂类、蛋白质是生命活动的三大能量来源，其不仅为我们的日常活动提供能量，也为皮肤的正常新陈代谢提供能量。

糖类、脂质、蛋白质主要通过饮食摄入补充，当然，使

用含有皮肤天然脂质、小分子蛋白质（如多肽）的护肤品，
也能帮助皮肤补充外源性的营养。

（一）糖类

在这个"谈糖色变""全民抗糖化"的年代，对皮肤而
言，糖其实并不是"有百害而无一利"，相反，适量的糖对
皮肤是有利的。

健康皮肤的含糖量为50%～70%，皮肤中的糖能"养活"
皮肤细胞，帮助合成蛋白质，还能通过无氧糖酵解的方式，
让皮肤保持弱酸的环境，对皮肤起到保护作用。缺乏糖类
的皮肤，会看起来憔悴而没有光泽，这也是减肥后皮肤变
差的原因。

当然，过度摄入糖分对皮肤无疑是有害的，会导致皮肤细
胞受损、加速皮肤的衰老、变黄，这也是目前护肤领域非常热
门的话题，我们放在专门的章节讨论。

（二）脂类

脂类对皮肤起着重要的作用，是维持皮肤弹力、柔软、保
湿的重要物质。表皮脂质主要包括：游离脂肪酸、甘油三酯、
胆固醇、鞘脂类、角鲨烯、蜡酯、磷脂等，能起到保湿、保护
皮肤的作用，是皮肤屏障功能主要的"水泥"成分。

其中，亚油酸、花生四烯酸是表皮中最主要的必需脂肪酸，它们只能来源于食物（如各类植物油）。

在皮下组织的脂肪则起到重要的支撑作用，让皮肤看起来饱满年轻、富有弹性。

（三）蛋白质

蛋白质不仅能为皮肤供给能量，更是皮肤不可缺少的构成物质。说到皮肤的蛋白质，大家的第一反应就是"胶原蛋白"。皮肤的蛋白质确实是保证皮肤紧致年轻的营养元素，但皮肤的蛋白质不只是"胶原蛋白"这么简单。

1. 细胞内的蛋白质

蛋白质是细胞的主要组成成分，而细胞则是堆砌成皮肤的"砖"。也许你对"细胞内蛋白"这个概念比较陌生，但换作氨基酸、寡肽相信大家就比较熟悉了，作为热门的护肤成分，它们其实都属于组成细胞的蛋白质。

简单一点，三者的关系可以理解为：氨基酸组成了肽，肽组成了蛋白质。以氨基酸作为基本结构，含3个或2个氨基酸分别称三肽和二肽，含10个以下氨基酸称寡肽，含10个以上氨基酸的肽称多肽，两条及以上的肽链则形成了蛋白质。

蛋白类成分是热门的抗衰老成分，许多大牌护肤品都添加了肽类成分，主要起到保湿、修复、抗衰老的作用。

2. 细胞外的蛋白质

担任着支撑皮肤的"骨架"和填充"水泥"的角色。比如大家最熟悉的胶原蛋白，和弹力蛋白一起形成了皮肤的"骨架"——即胶原纤维、网状纤维、弹力纤维，它们能保证皮肤富有弹力而显得年轻紧致。

而透明质酸、硫酸软骨素等糖胺聚糖和蛋白质组成的复合物，则起到"水泥"的作用，它们为皮肤细胞提供营养，并保证皮肤正常的新陈代谢。

蛋白质充足是皮肤年轻的重要前提，护肤品由于渗透深度的限制，即使添加了诸如胶原蛋白之类的蛋白质，实际抗衰老作用也很有限。相比起来，医学美容的方法能直接作用于皮肤深层，起到抗衰老作用，如激光、水光针、玻尿酸注射等，通过增加皮肤胶原蛋白、透明质酸等蛋白质的含量，起到抗衰老的效果。

三、维生素

说到美容保健，必然离不开各类维生素，如各大护肤品牌都钟爱的烟酰胺、维A醇、维生素C、维生素E，都是我们耳熟能详的维生素护肤成分。

　　按维生素的特性，可细分为脂溶性维生素和水溶性维生素，其中，脂溶性维生素包括维生素A、维生素D、维生素E、维生素K；水溶性维生素包括维生素B族（维生素B_1、维生素B_2、维生素PP、维生素B_6、维生素B_{12}、叶酸）和维生素C。

（一）维生素A及其衍生物

　　如果你的皮肤出现干燥、缺乏光泽、头皮屑多，甚至出现"鸡皮肤"，很可能就是因为维生素A供应不足导致。维生素A具有保护皮肤、黏膜的作用，缺乏维生素A会导致皮肤角化过度，出现干燥脱屑、毛周角化症（也就是鸡皮现象）、鱼鳞病等。

　　视黄醇、视黄醛、视黄酯和视黄酸都属于维生素A类物质。为了方便大家理解，可以这样形容四者的关系：吃了一口胡萝卜，胡萝卜里面含丰富的β-胡萝卜素，它进入体内后会被分解为视黄醇，这时候，视黄醇有两条路可以走，一是变成视黄酯被储存起来，二是进一步氧化成视黄醛、视黄酸，发挥它的活性功效。

　　作为维生素A代谢的首尾环节，视黄醇（维A醇）、视黄酸（维A酸）是最常被外用的两个护肤成分，下面就详细谈谈它们在皮肤、护肤领域的用途。

1. 视黄酸

它还有个更亲切的名字——维生素A酸，简称维A酸，阿达帕林、他扎罗汀都属于维A酸衍生物。它有什么作用呢？维A酸能作用于表皮的角质形成细胞、黑色素细胞、真皮纤维原细胞，起到祛痘、抗角化、美白、抗衰老的作用。

（1）治疗痤疮。"能祛痘、去闭口、去黑头"是大多数人对维A酸的印象，长痘到医院就诊，大部分人都能拿到一只叫维A酸乳膏或阿达帕林凝胶的药物。它们都属于维A酸类的药物，能起到减少皮脂分泌、调节毛囊口角化（疏通毛孔）、消炎的作用，对各类长痘相关的皮损都有治疗作用，比如改善皮肤出油多、粉刺闭口、炎性丘疹等问题。另外，维A酸还有类似果酸的抗衰老作用，能增加皮肤胶原蛋白的合成、让皮肤纤维正常排列，因此，它对早期的痘坑也有改善作用。

（2）美白抗衰老。基因、日光是导致我们皮肤变老的两大杀手，维A酸能对抗日光导致的皮肤光老化，减少皮肤色素、细纹的生成，具有很好的抗衰老作用。

这么好的东西，为什么不开发成护肤品呢？因维A酸具有刺激性、潜在的胚胎致畸性，限制了它进一步被开发成护肤成分。由此，你能看到的维A酸是以痤疮治疗药物的角色存在，而它性质温和的兄弟——视黄醇（维A醇），则成了热门的护肤抗衰老成分。

（3）调节角质。维A酸调节角质的作用，一方面使它在角化过度的皮肤病中大展拳脚，如用于毛周角化症、银屑病、闭口粉刺等的治疗，另一方面也决定了它的刺激性，使用后容易出现皮肤刺痛、脱皮、灼热等皮肤不耐受的表现。

2. 视黄醇

相信大部分爱美的女性对这个成分都不会太陌生，它还有个更为亲切的名字——维A醇，有维A酸的功效，却没有维A酸的刺激性，是各大品牌最爱的抗衰老成分之一。

你也许会在各类科普、产品宣传文章中见到被"吹爆"的维A醇，但其实跟维A酸比起来，在相同浓度下，维A醇的效果是弱于维A酸的。

作为维生素A代谢过程的"头"，维A醇需要最终转化为维A酸，才能发挥功效。而维A醇在代谢过程中，会不可避免地被消耗掉一部分，因此，最终转化为具有活性的维A酸也是有限的。

结果就是，维A醇确实具有维A酸的所有功效，但最终的效果却变弱了，对皮肤的刺激性也大大降低了，因此，"维A醇跟维A酸一样好用，性质又温和很多"这种结论并不可信，希望大家能理智看待。

（二）维生素B

B族维生素是一个非常庞大的家族，具体包括维生素B_1（硫胺素）、维生素B_2（核黄素）、维生素B_3（烟酸、烟酰胺）、维生素B_5（泛酸）、维生素B_6（吡哆醇）、维生素B_{12}（氰钴素）、叶酸等。

其中，对皮肤作用比较大的当属维生素B_3（烟酸、烟酰胺）、维生素B_5（泛酸）、维生素B_6。

1. 维生素B_3

维生素B_3也叫作烟酸，在人体内会转化为烟酰胺。烟酸具有美白皮肤、改善肤质、抗老化的作用，但由于烟酸对皮肤的刺激性太大，基本不会外用，而对皮肤很友好的烟酰胺，则成为大名鼎鼎的王牌美白成分。

烟酰胺早期也被称为维生素PP，其性质温和，水溶性、稳定性、穿透性好，再加上出色的美白能力，决定了它能成为护肤品的热门成分。烟酰胺都有些什么功效呢？

（1）美白淡斑。这也是大多数人对烟酰胺的第一印象，烟酰胺能同时抑制皮肤浅层、深层的黑色素生成，还能阻止皮肤蛋白糖化（抗糖化），对皮肤发黄、暗沉、色斑等问题都有很好的效果。

（2）去油、缩毛孔、消炎。烟酰胺能减少皮肤油脂的分泌，还能减轻皮肤的炎症反应，起到细腻肤质、改善痤疮

（烟酰胺是具有抗粉刺作用的护肤成分之一）的作用。

（3）抗衰老。长期外用烟酰胺能刺激真皮胶原的产生，减少真皮糖胺聚糖（一种导致皮肤变差的物质）的生成，从而减少面部皱纹的生成。

（4）改善皮肤屏障功能。虽然大部分消费者刚开始使用烟酰胺护肤品，会出现皮肤不耐受的刺激反应，但烟酰胺本身其实能增加表皮的保水能力，增加皮肤天然脂质和蛋白的生成，换句话说，烟酰胺不仅不会"让皮肤变薄"，反而能增强皮肤的屏障能力。但对于皮肤偏敏感的人而言，这个成分则需要从低浓度用起，逐步让皮肤产生耐受。

2. 维生素B_5

维生素B_5又叫作泛酸，由于稳定性差，它的"好姐妹"泛醇（维生素原B_5）更受欢迎。泛醇是一种很好的保湿修复成分，能广泛应用于头发、指甲、皮肤的保湿与修复，下面主要谈谈泛醇在皮肤领域的作用。

（1）保湿镇静。泛醇不具有皮肤刺激性，能增加皮肤的保湿能力、对外界刺激的耐受能力，促进皮肤修复，还具有抗炎止痒作用，很适合敏感性皮肤的修复镇静。

（2）修复皮肤屏障。泛醇能转化为泛酸，帮助合成皮肤的脂质屏障，还能减少敏感性皮肤的不耐受情况（如对某些防腐剂、香料敏感，或刷酸、激光术后）。

3. 维生素B₆

维生素B$_6$包括吡哆醇、吡哆醛、吡哆胺，吡哆醇主要存在于各类植物中，吡哆醛、吡哆胺则主要存在动物体内。

维生素B$_6$是一种调理皮肤的营养剂。缺乏维生素B$_6$，会导致皮肤出油、发炎，甚至发生脂溢性皮炎、结膜炎、口腔炎症、痤疮等皮肤病。大部分食材里都含有维生素B$_6$，主要通过各类食物补充，如酵母粉、鸡肉、鱼肉、小麦、玉米、糙米等。维生素B$_6$具有以下作用。

（1）祛痘。作为皮肤科的常见祛痘药物，维生素B$_6$片具有平衡皮肤油脂的分泌，能用于"辅助"治疗痤疮。由于价格便宜、容易买到，一度被各路网红炒成去闭口的"外用神药"。但并没有正规研究支持它能祛痘、去闭口，且分子量太大，根本不能被皮肤吸收，跟生理盐水比起来，还多了一堆添加剂。

（2）抗糖化、抗氧化。吡哆胺能有效降低AGEs、脂质过氧化物的产生，具有抗糖化、抗氧化的作用。天然存在的维生素B$_6$，还具有副作用小的优势，能用于防治衰老及老年相关疾病，如糖尿病、动脉粥样硬化、神经退行性疾病等。

（三）维生素C

维生素C即抗坏血酸，对皮肤具有非常强大的美容作用。但由于稳定性不足的原因，在护肤品中，维生素C更多的是以衍生物的形式存在，如抗坏血酸-6-棕榈酸盐、抗坏血酸磷酸镁、左旋抗坏血酸维生素C等。

维生素C作为一种天然存在的抗氧化剂，我们可以通过食用新鲜果蔬来补充它，但绝大部分维生素C都会通过尿液的形式排出。再加上维生素C让皮肤成为最大受益者，外用使它的功能得以大放异彩，已成为护肤品最爱添加的活性成分之一。

（1）抗氧化。在紫外线的作用下，皮肤不断产生氧化应激反应，导致皮肤的胶原蛋白、弹力纤维被破坏，皮肤出现衰老、变黄，左旋抗坏血酸维生素C（维生素C的一种活性形式）是我们皮肤中最主要的一种抗氧化剂。

（2）光防护作用。维生素C的光防护作用，其实就是它抗氧化作用的延续。简单而言，维生素C通过"自我牺牲"的方式来中和紫外线对皮肤的伤害。当紫外线照射到我们的皮肤，维生素C会主动站出来"扛伤害"，减少紫外线导致的氧化反应（如晒红、晒黑、光老化之类的皮肤反应），非常流行的"早C晚A"护肤方法正是基于这个原理。

另外，维生素C和维生素E是一对好伙伴，当它们协同合作时，两者的光防护、抗氧化效率能力都能得到大幅提高。

（3）美白。作为老牌的美白成分，无论是外用、还是内服，比如在各类美白丸、美白针、美白精华中，你都能看到维生素C的身影。

维生素C的美白效应，是基于它强大的抗氧化能力而衍生的。在紫外线的"号召"下，皮肤会生成大量的黑色素，导致皮肤变黑变黄，而维生素C强大的抗氧化、光防护能力，干扰了紫外线→黑色素的生成路径，抑制酪氨酸酶、黑色素细胞，通过抑制黑色素的生成，从而还原黑色素，起到美白淡斑的作用。

（4）延缓衰老。作为一种必要的辅助因子，维生素C参与了胶原的合成，能帮助皮肤合成胶原蛋白、弹力蛋白。

作为一个具有抗衰老作用的成分，护肤品却几乎很少宣传维生素C能抗衰老，这是为什么呢？这里提到的维生素C能抗衰老，大部分是基于体外实验的结论，但在现实生活中，由于作用深度、浓度的限制，导致维生素C很难到达皮肤的真皮层，其抗衰老作用也大打折扣。

（5）抗炎。除了上面为人熟知的属性，维生素C其实还具有消炎的作用，常被应用于各类炎症性皮肤病。

这种消炎作用对外用护肤品有什么意义呢？研究表明，激光术后、痤疮患者外用含维生素C的护肤品，能减少皮肤的红斑、炎症，特别是长痘之后留下的黑色痘印，很适合使用维生素C来进行淡化。

（四）维生素D

维生素D是护肤领域存在感最弱的一类维生素，它主要参与维持钙平衡、骨健康。

在皮肤科领域，维生素D及其类似物主要被用于治疗银屑病、特应性皮炎、白癜风等皮肤病，也有研究表明，维生素D能对抗紫外线UVB诱导的氧化反应，起到光保护的作用。

（五）维生素E

α、β、γ、δ-生育酚和α、β、γ、δ-生育三烯酚都属于维生素E，其中，α-生育酚是维生素E在我们皮肤中最主要的存在形式。维生素E的不稳定性，注定了它很容易变质，因此，护肤品更喜欢使用它的好姐妹——α-生育酚酯。

维生素E喜欢"油"，喜欢待在皮脂分泌多的位置，比如面部，正因为它的这种特性，衍生出了用维生素E胶囊涂脸的护肤风潮。直接用维生素E涂脸的方式并不可取，甚至存在过敏的风险，且胶囊本身的甘油比例过高，不仅起不到保湿作用，反而会吸走皮肤原有的水分。

与维生素C一样，维生素E具有良好的抗氧化、光保护作用，两者联合能得到1+1＞2的效果。维生素E强大的抗氧化力量，使它能减缓日光导致的皮肤红斑、色斑、皮肤衰老、皮肤肿瘤等不良影响。

四、矿物质

矿物质也叫作微量元素，虽然有一些矿物质对皮肤是有害的（如铅、汞），但也有一些矿物质是有益的。矿物质能起到舒敏、舒缓、修复、提高皮肤含水量等作用，也是皮肤必不可少的营养元素。下面谈谈几个护肤品中比较常见的矿物质。

（1）锌。最出名的含锌原料莫过于氧化锌。它具有收敛、防护皮肤的作用，很多得过皮肤病的人都使用过这种药物（一瓶粉色的药水）；防晒作用，是物理防晒产品的主要成分之一；遮盖作用，许多粉底、BB霜、隔离霜都会添加它，一些美白功效的护肤品，为了增加即时美白的效果，也会添加氧化锌。

另一种含锌原料是硫酸锌，也是一种常被添加于油性皮肤、痘肌护肤品中的收敛成分，见于各类毛孔收敛水中。

含锌原料还具有抗真菌的作用，比如家喻户晓的去屑产品，就添加了一种叫作吡硫氧吡啶锌的含锌原料，能改善脂溢性皮炎（由头部真菌感染导致，表现为头油多、瘙痒、头屑多）头皮屑多的现象。

（2）铜。热门的蓝铜胜肽，就是蛋白质（三肽）+矿物质（铜离子）的结合，除了拥有让人着迷的天然蓝色，铜离子能起到促进伤口修复、胶原合成的作用，但铜离子本身很难渗透进皮肤，因此需要搭配蛋白质一起使用。

（3）硒。它是人体的必需微量元素，必须通过外界摄入。硒元素对人体健康而言十分重要，具有抗氧化、提高免疫力的作用，对皮肤而言，能起到调节炎性细胞、对抗紫外线、延缓皮肤衰老的作用。

第二节

肠道健康与皮肤微生态

　　关于肠道和皮肤的关系，大家最直观的感受是"最近吃得太上火，脸上疯狂长痘"，又或者"皮肤不好，是不是因为长期便秘，没有及时排毒呀"！

　　虽然看起来有点玄，但肠道跟皮肤还真有关系，这种关系对我们护理皮肤有一定的调理意义。

一、肠道健康的含义

　　作为重要的消化器官，肠道每天都需要接受万千食物的"洗礼"，并修炼出了足够强大的抵抗力——也就是肠道黏膜屏障，具体包括以下几点。

　　（1）机械屏障。肠道细胞紧紧相连，形成的一道"墙"，能防止食物和食物中的微生物进入人体的其他器官。

（2）化学屏障。胃酸、胆汁、各种酶等，在"墙"的表面形成一层化学保护膜，防止有害细菌、毒素的侵袭，使它们难以在肠道内生存。

（3）免疫屏障。主要由肠道中的淋巴组织、免疫细胞组成，是安插在城墙内的"将士"，当有细菌、炎症感染入侵时，它们就会第一时间"上阵杀敌"。

（4）生物屏障。也叫作肠道的微生物健康。简单而言，肠道并不是我们想象中那样的"干干净净"，相反，肠道中其实存在很多"菌群"，它们是城墙内的"三好原住民"，能帮助消化食物（也就是大家耳熟能详的"肠道益生菌"），还能帮助驱逐有害的"外界入侵者"。

关于肠道微生物的研究很多，"一方水土养一方人"并不是毫无道理，甚至有专家提出肠道微生物跟一个人的性格行为有关，并通过不断研究，最终衍生出"肠-脑-皮轴"的理论学说。

二、肠道、大脑与皮肤的联系

肠道、大脑、皮肤之间存在着密切的联系，具体来讲，当你长期处于焦虑、抑郁、担忧的情绪下，会导致肠道功能变化，如化学屏障、免疫屏障的改变，并导致肠道菌群的失调，即"入侵者"在"原住民"的地盘"胡作非为"，导致区域性、系统性的皮肤损害；当然，肠道微生物本身的变化，也能导致炎症反应、氧化应激、血糖、脂类含量的变化，甚至对情绪产生影响，从而对皮肤产生一系列的不良影响，如脂溢性皮炎、痤疮、特应性皮炎、毛囊炎、银屑病、抑郁等疾病，都跟肠-脑-皮轴的失调有关。

因此，保持肠道健康，对皮肤的健康美丽至关重要（图5-1）。

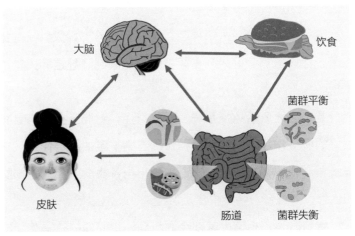

图 5-1　肠 - 脑 - 皮轴

三、如何保持肠道健康

1. 坚持健康饮食

就像不同的人有不同的口味一样，居住在体内的肠道微生物也有不同的"口味"，有的微生物喜荤、有的微生物则喜素。饮食习惯，决定了肠道微生物大家族的成员结构，也决定了皮肤是否健康美丽。

总的来说，饮食应符合营养均衡、搭配合理、食量适中的原则。

2. 益生菌调节肠道菌群

除了直接把"坏人杀掉"，通过多培养"好人"——益生菌，让肠道被"好人"占领，同样能起到"赶走坏人"的作用。

益生菌能激活免疫系统、对抗炎症，对肠道微生态具有很好的调节作用，还能对精神状态起到一定的改善作用。在皮肤医学领域，益生菌被广泛地应用于各类皮肤疾病的预防和治疗，如湿疹、特应性皮炎、痤疮、皮肤过敏等。

看到这里，相信大家都会联想到一个问题——喝酸奶能补充益生菌吗？

酸奶确实是应用益生菌最多的食品领域。但要指出的是，常温保存的酸奶，由于在加工的最后进行了灭菌，并不含活的益生菌，常温酸奶能提供的是蛋白质、钙等营养元素，不含益生菌。低温冷藏的酸奶才含活的益生菌，当然，如果不是很在意口感，不含糖和食品添加剂的酸奶其营养价值更佳。

除了靠喝酸奶补充益生菌，市面上也有很多益生菌制剂、保健食品，可以结合医生的建议按需购买。但要注意的是，健康的饮食方式，如不挑食，也能起到对肠道微生态的调理作用。

另外，除了肠道需要微生态健康，皮肤、口腔、鼻腔、泌尿生殖道等需要与外界环境"亲密接触"的器官，都离不开微生物的帮助。

以皮肤为例，我们全身上下都寄生着不同的微生物，它们大部分是获得了许可权的"正常居民"，并不会对皮肤产生危害，当"正常居民"变少，或出现"入侵者非法居住"时，皮肤就会出现一系列问题，比如长痘。图5-2为Grice EA绘制的人体皮肤微生物图谱。

由此，更是开启了"微生物护肤"的新潮流：通过直接在护肤品中添加对皮肤有益的微生物或添加有利于益生菌成长的成分，来调理皮肤的微生态，起到对皮肤的护理作用。

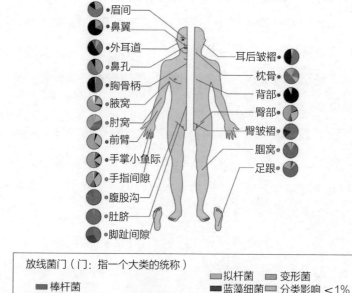

图 5-2　人体皮肤微生物图谱

3. 保持心情愉悦

生活中我们都会发现，积极乐观的人通常会"更好看""老的更慢"，这是因为，保持好心情能让大脑向皮肤、肠道释放更多具有正向作用的化学物质，促进皮肤健康。

4. 避免抗生素滥用

抗生素虽然是很好的治疗药物，但它对细菌"无差别"的杀害能力，自然也会对肠道内的微生物产生不利影响，因此，抗生素一定要合理使用，不能滥用抗生素，避免对肠道、皮肤产生不好的影响。

参考文献

安锋利，王建林，权美平，等，2011. 胶原蛋白的应用及其发展前景[J]. 贵州农业科学，39（1）：8-11.

陈浩宏，曹铮，2004. 维生素与美容[J]. 现代中西医结合杂志，13（011）：1402-1403.

傅冠民，2000. 羧甲基β-1,3-葡聚糖在护肤品中的功能[J]. 日用化学品科学，023（005）：4-6.

胡文琴，王恬，孟庆利，2004. 抗氧化活性肽的研究进展[J]. 中国油脂，29（05）：42-45.

何黎，刘玮，2008. 皮肤美容学[M]. 北京：人民卫生出版社.

何黎，郑捷，马慧群，等，2017. 中国敏感性皮肤诊治专家共识[J]. 中国皮肤性病学杂志，31（1）：10-13.

陆树良，青春，谢挺，等，2004. 糖尿病皮肤"隐性损害"的机制研究[J]. 中华创伤杂志，08：22-27.

刘玮，赖维，王学民，等，2005. 中国城市女性人群皮肤类型调查及相关研究[J]. 临床皮肤科杂志，07：420-423.

林宗贤，2009. 160例中国人健康皮肤屏障功能与相关影响因素的研究[D]. 复旦大学.

李安良，杨淑琴，郭秀茹，等，2000. 熊果苷的进展[J]. 日用化学工业，30（2）：62-65.

蔺茂强，刘俐，吕成志，2008. 角质层的含水量及其对皮肤生物功能的影响[J]. 临床皮肤科杂志，37（012）：816-818.

裘炳毅，高志红，2016. 现代化妆品科学与技术 上[M]. 北京：中国轻工业出版社.

裴炳毅，高志红，2016. 现代化妆品科学与技术 中[M]. 北京：中国轻工业出版社.

裴炳毅，高志红，2016. 现代化妆品科学与技术 下[M]. 北京：中国轻工业出版社.

苏学素，陈宗道，焦必林，等，2000. 我国常见食物及其成分的抗过敏作用研究[J]. 西南农业大学学报，01：78-81.

陶荣，牛悦青，郭建美，等，2015. 主观皮肤类型与皮肤屏障功能的关系[J]. 临床皮肤科杂志，1：3-6.

王学民，2003. 敏感性皮肤的认识与评判[J]. 临床皮肤科杂志，32（11）：685-686.

万苗坚，苏向阳，谢淑霞，等，2010. 季节因素对广州地区健康女性面部皮肤粗糙度指标的影响及校正[J]. 皮肤性病诊疗学杂志，17（05）：340-343.

王晓莉，余汉谋，姜兴涛，2015. 化妆品植物抗敏剂的研究进展[J]. 日用化学品科学，038（010）：16-19.

徐筠，2002. 微量营养素和脂肪酸的护肤防晒作用[J]. 国外医学（卫生学分册），01：46-48.

熊友健，杨玉明，姜松，等，2010. 呋喃香豆素类成分及其药理作用研究进展[J]. 中成药，10：121-127.

岳学状，朱文元，2003. 皮肤的颜色及其测量[J]. 临床皮肤科杂志，09：554-556.

岳学状，朱文元，2005. 中国紫外辐射的空间分布特征[J]. 资源科学，01：108-113.

张婉萍，郭奕光，2006. Pickering乳化剂在化妆品中的应用[J]. 日用化学品科学，09：33-36.

张玉彬，潘建英，帕它木，等，2006. 长波紫外线对皮肤健康的影响[J]. 中国公共卫生，022（004）：494-496.

Zoe Diana Draelos，2007. 功能性化妆品：美容皮肤科实用技术[M]. 北京：人民军医出版社.

赵同刚，2007. 化妆品卫生规范[M]. 北京：军事医学科学出版社.

仲少敏，赵俊郁，朱学骏，等，2007. 曲酸和熊果苷对人体黑化模型的脱色效果分析[J]. 中国皮肤性病学杂志，021（006）：321-323.

钟星，郭建维，成秋桂，2012. 胜肽在化妆品中的应用和最新进展[J]. 日用化学品科学，11：35-38.

赵辨，2017. 中国临床皮肤病学（上）[M]. 2版. 南京：江苏科学技术出版社.

詹姆斯，约翰，2000. 皮肤病学[M]. 高惠荣译. 北京：海洋出版社.

ASSERIN J, LATI E, SHIOYA T, et al, 2015. The effect of oral collagen peptide supplementation on skin moisture and the dermal collagen network: evidence from an ex vivo model and randomized, placebo-controlled clinical trials[J]. J Cosmet Dermatol, 14: 291-301.

ASPK, BHWA, ALS, et al, 2020. Identification of photodegraded derivatives of usnic acid with improved toxicity profile and UVA/UVB protection in normal human L02 hepatocytes and epidermal melanocytes[J]. Journal of Photochemistry and Photobiology B: Biology, 205.

BANG S H, HAN S J, KIM D H, 2010. Hydrolysis of arbutin to hydroquinone by human skin bacteria and its effect on antioxidant activity[J]. Journal of Cosmetic Dermatology, 7（3）: 189-193.

BRESCOLL J, DAVELUY S, 2015. A review of vitamin B12 in dermatology[J]. Am J Clin Dermatol, 16（1）: 27-33.

BAEK J, LEE MG, 2016. Oxidative stress and antioxidant strategies in dermatology[J]. Redox Rep, 21（4）: 164-169.

BAINS P, KAUR M, KAUR J, et al, 2018. Nicotinamide: Mechanism of action and indications in dermatology[J]. Indian J Dermatol Venereol Leprol, 84（2）: 234-237.

CHO Y H, PARK J E, LIM D S, et al, 2017. Tranexamic acid inhibits melanogenesis by activating the autophagy system in cultured melanoma cells[J]. Journal of Dermatological Science, 88（1）: 96-102.

DYER D G, DUNN J A, THORPE S R, et al, 1993. Accumulation of Maillard reaction products in skin collagen in diabetes and aging[J]. J Clin

Invest, 91（6）：2463–2469.

DRAELOS Z D, 2010. Nutrition and enhancing youthful appearing skin[J]. Clin Dermatol, 28（4）：400–408.

DESMEDT B, COURSELLE P, BEER J O D, et al, 2016. Overview of skin whitening agents with an insight into the illegal cosmetic market in Europe[J]. Journal of European Academy of Dermatology and Venereology, 30（6）：943–950.

DELUCA C, MIKHAL' CHIK EV, SUPRUN M V, et al, 2016. Skin antiageing and systemic redox effects of supplementation with marine collagen peptides and plant–derived antioxidants：a single–blind case–control clinical study[J]. Oxid Med Cell Longev, 2016：4389410.

FITZPATRICK T B, 1988. The validity and practicality of sun reactive skin types I through VI[J]. Archives of dermatology, 124（6）：869.

FISCHER F, ACHTERBERG V, MÄRZ A, et al, 2011. Folic acid and creatine improve the firmness of human skin in vivo[J]. J Cosmet Dermatol, 10（1）：15–23.

HRUZA G J, DOVER J S, FLOTTE T J, et al, 1991. Q–switched ruby laser irradiation of normal human skin. Histologic and ultrastructural findings[J]. Archives of Dermatology, 127（12）：1799–1805.

KRAGBALLE K, 1997. The future of vitamin D in dermatology[J]. J Am Acad Dermatol, 37（3 Pt 2）：S72–76.

KIM S J, BAEK J H, KOH J S, et al, 2015. The effect of physically applied alpha hydroxyl acids on the skin pore and comedone[J]. International journal of cosmetic science, 37（5）：519–525.

KECHICHIAN E, EZZEDINE K, 2018. Vitamin D and the Skin：An Update for Dermatologists[J]. Am J Clin Dermatol, 19（2）：223–235.

LECCIA MT, YAAR M, ALLEN N, et al, 2001. Solar simulated irradiation modulates gene expression and activity of antioxidant enzymes in cultured human dermal fibroblasts[J]. Exp Dermatol, 10（4）：272–279.

MUALLEM M M, RUBEIZ N G, 2006. Physiological and biological

skin changes in pregnancy[J]. Clinics in Dermatology, 24（2）: 80–83.

MANELA-AZULAY M, BAGATIN E, 2009. Cosmeceuticals vitamins[J]. Clin Dermatol, 27（5）: 469–474.

NAIDU K AKHILENDER, 2003. Vitamin C in human health and disease is still a mystery? An overview[J]. Nutrition journal, 2: 7.

NOUVEAU-RICHARD S, ZHU W, LI Y H, et al, 2010. Oily skin: specific features in Chinese women[J]. Skin Research & Technology, 13（1）: 43–48.

PONEC M, WEERHEIM A, KEMPENAAR J, et al, 1997. The formation of competent barrier lipids in reconstructed human epidermis requires the presence of vitamin C[J]. J Invest Dermatol, 109（3）: 348–355.

PETERSEN AM, PEDERSEN BK, 2005. The anti-inflammatory effect of exercise[J]. J Appl Physiol, 98（4）: 1154–1162.

PONS-GUIRAUD A, 2007. Dry skin in dermatology: a complex physiopathology[J]. J Eur Acad Dermatol Venereol, 21 Suppl 2: 1–4.

PROKSCH E, SEGGER D, DEGWERT J, et al, 2014. Oral supplementation of specific collagen peptides has beneficial effects on human skin physiology: a double-blind, placebo-controlled study[J]. Skin Pharmacol Physiol, 27: 47–55.

PULLAR JM, CARR AC, VISSERS MCM, 2017. The Roles of Vitamin C in Skin Health[J]. Nutrients, 9（8）: 866.

QUAIN AM, KHARDORI NM, 2015. Nutrition in Wound Care Management: A Comprehensive Overview[J]. Wounds, 27（12）: 327–335.

RAVICHANDRAN R, VANNUCCI S J, DU Y S S, et al, 2005. Advanced glycation end products and RAGE: a common thread in aging, diabetes, neurodegeneration, and inflammation[J]. Glycobiology, 15（7）: 16R–28R.

SANDER C S, CHANG H, SALZMANN S, et al, 2002. Photoaging

is associated with protein oxidation in human skin in vivo[J]. Journal of Investigative Dermatology, 118（4）: 618-625.

SCHWARTZ SR, PARK J, 2012. Ingestion of BioCell Collagen, a novel hydrolyzed chicken sternal cartilage extract; enhanced blood microcirculation and reduced facial aging signs[J]. Clin Interv Aging, 7: 267-273.

SILVA SAME, MICHNIAK-KOHN B, LEONARDI GR, 2017. An overview about oxidation in clinical practice of skin aging[J]. An Bras Dermatol, 92（3）: 367-374.

SHAMLOUL N, HASHIM PW, NIA JJ, et al, 2019. The role of vitamins and supplements on skin appearance[J]. Cutis, 104（4）: 220-224.

SOLIMAN Y S, HASHIM P W, FARBERG A S, et al, 2019. The role of diet in preventing photoaging and treating common skin conditions[J]. Cutis, 103（3）: 153-156.

VLASSARA H, PALACE M R, 2010. Diabetes and advanced glycation endproducts[J]. Journal of Internal Medicine, 251（2）: 87-101.

VANZANI P, ROSSETTO M, MARCO V D, et al, 2011. Efficiency and capacity of antioxidant rich foods in trapping peroxyl radicals: A full evaluation of radical scavenging activity[J]. Food Research International, 44（1）: 269-275.

YOKOTA T, NISHIO H, KUBOTA Y, et al, 2010. The inhibitory effect of glabridin from licorice extracts on melanogenesis and inflammation[J]. Pigment Cell & Melanoma Research, 11（6）: 355-361.

ZHANG S, DUAN E, 2018. Fighting against skin aging: the way from bench to bedside[J]. Cell Transplant, 27: 729-738.

ZHANG Y, MA L, GAO Y, et al, 2021. Seasonal variation of skin photoreaction and biophysical properties in Chinese[J]. Photodermatol Photoimmunol Photomed, 37: 63-65.